我的第一本

养老财务指南

谭丰华 著

电子工业出版社·
Publishing House of Electronics Industry
北京·BEIJING

未经许可，不得以任何方式复制或抄袭本书之部分或全部内容。

版权所有，侵权必究。

图书在版编目（CIP）数据

我的第一本养老财务指南 / 谭丰华著. -- 北京：
电子工业出版社，2024. 11. -- ISBN 978-7-121-49029
-3

Ⅰ. TS976.15-62

中国国家版本馆 CIP 数据核字第 2024LR0241 号

责任编辑：王欣怡

印　　刷：三河市鑫金马印装有限公司

装　　订：三河市鑫金马印装有限公司

出版发行：电子工业出版社

　　　　　北京市海淀区万寿路 173 信箱　邮编：100036

开　　本：880×1230　1/32　印张：6.5　字数：117 千字

版　　次：2024 年 11 月第 1 版

印　　次：2024 年 11 月第 1 次印刷

定　　价：68.00 元

凡所购买电子工业出版社图书有缺损问题，请向购买书店调
换。若书店售缺，请与本社发行部联系，联系及邮购电话：(010)
88254888，88258888。

质量投诉请发邮件至 zlts@phei.com.cn，盗版侵权举报请发邮件
至 dbqq@phei.com.cn。

本书咨询联系方式：424710364（QQ）。

前 言

Foreword

　　"二战"结束后，全世界范围内出现了数波婴儿潮，第一批"婴儿"如今已经进入退休年龄；在过去几十年里，由于经济的发展和科学技术的进步，人类人均寿命大幅攀升，人口老龄化问题日益突出。同时，由于社会发展、抚养压力、思想观念各方面的因素，少子化的现象也越发凸显。老龄化、长寿化、少子化，在全世界范围内累积成一个巨大的社会问题：养老。

　　我国是人口老龄化形势最严峻的发展中国家之一，当前60周岁及以上老龄人口接近3亿，且每年增加1000多万，2050年将突破5亿，约占总人口的37.8%。少子化加剧了老龄化问题，2022年我国社会抚养比是21.8%，预计到2050

年将升至40%～50%，每2到3位年轻人就要赡养1位老人。到2035年，60岁以上的老年人占人口比重将约为30%，即进入人口重度老龄化阶段。而且，绝大多数老年人处于亚健康状态，75%的老年人患有一种或一种以上慢性病，失能失智老人约有4500万。在2001年我国进入人口老龄化阶段时，人均GDP仅有4000美元，低于5000～10000美元的国际平均水平。我国现已进入人口中度老龄化阶段，人均GDP仍然低于发达国家平均水平。

同时，我国养老体系的压力已经大到了一个"前所未有"的时刻。据中国社会科学院报告，若养老政策还不做调整，预计到2029年时，我国将面临养老金发放困难的局面，而到2035年时，养老金可能会被耗尽。

2024年9月13日，《全国人民代表大会常务委员会关于实施渐进式延迟法定退休年龄的决定》（下称《决定》）审议通过。这是新中国成立以来，我国第一次对法定退休年龄进行调整。根据《决定》，我国从2025年1月1日起，实施渐进式延迟法定退休年龄，未来15年内，男职工退休年龄将从60岁逐步延迟至63岁，女职工退休年龄从50岁、

55岁分别延迟至55岁、58岁。该政策的出台将推迟养老金的领取时间，延长缴费年限，从而为养老金制度注入新的收入来源，减轻财政压力，对于增强养老金政策的可持续性具有重要意义。但是，要想应对越来越严峻的养老问题，仍然任重道远。

老有所养，还是老无所依，成为摆在我们面前的一道必答题。

中国人对待养老，有很多不同的观念。有人认为，可以养儿防老；有人认为，可以以房养老；有人认为，可以存钱养老；还有人认为，必须参加社保及买好各种商业保险，把自己的退休生活安排得明明白白；也有人认为，走一步看一步，车到山前必有路；更有人认为，养老问题太遥远了，我自己都还是个宝宝，怎么就要考虑养老的事了？

随着社会的发展和经济形势的变化，很多传统的观念已经不能奏效了。例如，"养儿防老"成疑，因为养育成本增加、下一代生存压力更大等原因，被戏称为"养儿防止活到老"；"以房养老"因为房地产供求关系发生变化而被画上了一个大大的问号；"储蓄养老"也因为通货膨胀隐藏着不小的隐患。

虽然问题如此之多，但我们必须面对。对于养老，应该解决以下几个问题。

第一，提升养老认知。什么是养老，养老有何危机，个人如何养老，养老要从什么时候开始规划，应该做什么准备，这些问题必须提前思考。"以终为始"是一个很好的方法论，这个方法论要求我们以退休之后的生活目标和设想为出发点来谋划当前之事，既包括我们如何创造和积累财富这个重要而根本的问题，也包括参加基本养老保险、年金计划、购买各种商业保险和理财产品等重要事项。

第二，学习养老知识。当前很多人对于养老的理论知识、相关工具和方法是不了解的。有些人即使了解方法、工具和产品，也缺乏操作上的经验，以至于在宏观经济形势变化、市场剧烈动荡中，难以保护财务安全，在资产配置中遭遇亏损、陷入困境。有人开玩笑称的"你不理财、财不理你"，可能是很多人"痛的领悟"。但是，我们不能因为各种风险的存在而漠视、抵触"做好养老准备"这件事。

第三，参加养老实践。不管你是刚刚迈入大学校园的学生，还是上班族、自由职业者、企业主、临退休人员，都应该关注和参与养老实践。养老是一项覆盖生命全周期的事业，应该及早谋划、提前布局，特别是关于养老金积累的事项，越早行动越好，即使你很年轻，也应该注重对养老的投入，避免退休养老时陷入被动局面。

养老是一件人生大事。就像从呱呱坠地到进入大学——人生必经的这18年青春一样，按照80岁的寿命计算，很多人退休后至少还能享受到18年的时光。这个18年同样重要，甚至更加重要，因为老年人在生活上可能更加被动、更加无助、有更多风险，但也会拥有更多的自由。因此我们要高度重视养老，把命运把握在自己手上。

养老，是一片广阔天地，我们大有可为。

现在就开始吧!

目 录
Contents

第一章

养老危机：可确定的未来 _ 001

第二章

养老之惑：养老四大提问 _ 015

第五章

升级养老：以市场手段护航养老 _ 105

第六章

不同的人群如何养老 _ 175

第一章

养老危机：
可确定的
未来

一、老龄化背景下的养老危机

联合国发布的《2023年世界社会报告》称，到21世纪中叶，65岁及以上人口数量预计将增加一倍以上。1980年，该群体的数量仅为2.6亿；到2021年，这一数字已达7.61亿；到2050年，这一群体的数量将增加到16亿。2021年，全球每10人中有1人属于65岁及以上群体，到2050年，每6人中就有1人属于这一群体。

与此同时，最近几十年来，由于人类健康和医疗条件的改善、受教育机会增加，人类寿命在显著增长。根据INSEE（法国国家统计局）的研究，假设死亡风险在未来继续以2010—2019年这10年间的相同速度下降，2022年出生的婴儿，女孩有望活到93岁，男孩有望活到90岁；如果未来死亡风险下降的速度较慢，那么2022年出生的这一代人，女性预期寿命可能达到88岁，男性预期寿命可能达到86岁；如果未来通过医学进步，使死亡风险的下降速度加快，那么这一代人的预期寿命，女性可能提高到99岁，男性可能提高到96岁。人类越来越长寿，加快了老龄化社会的到来。

全球"最老国家"也在发生变化。1980年，65岁及以上人口占全国总人口比重最大的国家为瑞典，占比达16%，到了2021年，全球老龄化最严重的国家则是日本，该国65岁及以上人口占比接近30%。到2050年，韩国有望成为全球"最老国家"。韩国统计厅发布的未来人口预测数据显示，其65岁人口比例将在2050年突破40%，到2060年将达到43.9%，人口中位数年龄将在2060年高达61.3岁。

随着老龄化进程加快，全球非劳动力人口数量与劳动力人口数量之比，自20世纪70年代以来发生了巨大的变化。当前，日本65岁及以上人口与25～64岁劳动人口之比为1∶1.8，也就是1个老人对应的年轻人不足2人。在澳大利亚和新西兰，该比约为1∶3.3，在欧洲和北美，该比为1∶3.0。在撒哈拉以南的非洲地区，该比为1∶11.7。预计到2050年，该比将在48个国家（主要来自欧洲、北美、东亚和东南亚）高于1∶2。

人口老龄化将对劳动力市场和经济发展产生重大影响，在未来几十年内，很多国家将面临与公共医疗保健系统、养老金和社会保障计划相关的财政压力。

2022年，我国正式进入深度老龄化社会，60岁及以上人口达到2.8亿，与印尼全国总人口相当，其中失能、半失能老人大约有4500万。

截至2023年底，我国60岁及以上人口约3.0亿，占全国总人口的21.1%；其中65岁及以上人口约2.2亿，占全国总人口的15.4%。据测算，到2035年，60岁及以上人口将突破4亿，占比将超过30%，我国将进入重度老龄化阶段。据联合国测算，2055年左右，我国60岁以上人口将达到最高峰，预计约5.1亿人，占比将达到38.5%。

然而，我们在养老服务的准备和供给上，依然存在巨大缺口。

根据育娲人口研究智库发布的《中国人口预测报告

2023》，2050年我国老年抚养比将上升到54.26%，2100年老年抚养比将上升到161.89%。也就是说，到2050年，每100个劳动年龄人口需要抚养54个老人，到2100年，每100个劳动年龄人口需要抚养162个老人。老年抚养比的上升，会给养老金和医疗支出带来沉重的负担，而这又将会导致更高的税收或更高的退休年龄。

从企业职工基本养老保险看，根据中国社科院发布的《中国养老金精算报告2019—2050》，2019年全国企业职工基本养老保险基金累计结余为4.26万亿元，此后将持续增长，到2027年达到峰值6.99万亿元，然后开始迅速下降，到2035年耗尽累计结余。

实际数据如何呢？根据官方发布的统计信息，2022年、2023年企业职工基本养老保险基金累计结余为5.1万亿元，跟上述精算报告预测的数字非常接近。

我国基本养老保险实行的是"现收现付制"，也就是用在职职工所缴养老保险资金来偿付退休职工的退休金，"一代人养一代人"看起来挺好，但从长期来看，是存在一定问题的。一开始实施该制度时，刚退休的老人没有缴过一分钱，也能拿到高额退休金，当前，在人口老龄化的背景下，退休老人数量逐年上升，婴儿出生率持续下滑，在职年轻人群要承受越来越大的养老金负担，也就是说，收钱的人越来越多，交钱的人越来越少，如果不采取有效措施，这个模式将难以为继。

《中国社会保障发展报告2023》显示，2022年，全国城镇职工基本养老保险参保人数为4.23亿，比2021年减少3800万人；城乡居民基本养老保险参保人数为5.26亿，比2021年减少4300万。这意味着，在2022年，有8100万人选择了中断或退出养老保险制度。

造成这种现象的原因有三个：一是经济压力。许多家庭在面对日益增长的生活成本、教育费用、医疗费用时，发现自己的收入已经捉襟见肘，不得不放弃缴纳基本保险。二是预期不足。许多人对养老保险制度缺乏信心和认同感，一些人认为自己辛辛苦苦缴纳养老保险费用，到退休时可能都领不到，即使有，也很难维持基本生活，不如把"虚无缥缈"的未来的钱用到当下。三是制度缺陷。养老保险制度本身也存在一些不合理之处，例如，农村居民的养老保险待遇远低于城市居民；一些灵活就业或自由职业人员的养老保险缴费基数和比例往往高于正式就业的人员，缴费方式和流程也比较复杂，等等。

老年人增加，年轻人变少，养老金缴纳少、支出多，这就是当前的养老财务困境。当前，国家推出了延迟退休政策，对于减少养老金支出压力具有重要意义。但老龄化对于养老的影响是复杂且深远的，解决养老问题是一项庞大的系统工程。未来如何养老这个问题，摆在了我们每个人面前。

二、出生率下降的养老隐忧

根据国家统计局的数据，2023年全年我国出生人口902万，人口出生率为6.39‰；死亡人口1110万，人口死亡率为7.87‰；人口自然增长率为–1.48‰，当年年末人口总量比2022年末减少208万，而此前的2022年末我国人口总量比2021年末减少了85万（这是1961年以来出现的首次负增长），意味着我国已连续两年出现人口负增长。

育娲人口研究智库在《中国人口预测报告2023》中，对人口预测的参数为：从2023年起生育率逐渐递增，2028年回升到1.1，从2028年起固定为1.1。生育率，是指一定时期内（通常为一年）出生活婴数与同期平均育龄妇女数之比。如果没有实质有效的鼓励生育政策出台，生育率下降趋势将难以扭转。2050年我国总人口数量将下降至11.72亿，2100年将降到4.79亿，占世界人口比例将从现在的17%降至4.8%。如果生育率一直较低，那么总人口将陷入持续负增长。

生育率为何如此低迷？生育观念改变、生育基础薄弱、生育机会成本和直接成本高，是影响生育率的主要原因。

第一，"养儿防老"观念逐渐改变。随着经济社会的发展，年轻一代的生育观念已发生改变。与他们的父母辈不同，现在的年轻人并不把生育作为人生的必然选择。70后、80后生育观念保守，认为生育是必须完成的任务，现在的90后、00后则更加追求自我满足，不愿被生育束缚，倾向于晚生、少生，甚至不生。随着女性受教育水平的提升和女性自我意识的觉醒，很多女性不愿因生育而被困在家中，从而导致生育意愿降低。并且，由于社会保障体系的逐渐完善，社会养老功能逐渐强化，"养儿防老"观念逐渐被淡化。

第二，社会婚育基础发生变化。晚婚晚育、不婚不育、不孕不育等因素削弱了生育基础。我国结婚率从2013年的9.9‰开始逐年下降，2022年下降到4.8‰。2023年全国结婚登记数止跌回升，较2022一年增长12.36%，但离婚登记数增长了28.23%。结婚后选择丁克的家庭在增多。2022年40岁以上的城市大龄男性和女性未婚比例分别为2.5%和1.3%。此外，生育年龄推迟、环境污染、不良生活方式、生殖卫生保护缺失等导致了不孕不育率上升。根据国家统计局数据，我国不孕不育率为12%～18%。

第三，生育成本高企抑制生育行为。住房、教育、医疗成本居高不下是抑制生育行为的三大因素，叠加家庭养老负担，女性就业权益保障不够，导致女性生育欲望下降。根据梁建章等人的研究，全国家庭0～17岁孩子的养育成本平均为53.8万元；0岁至本科毕业的养育成本平均为

68万元。上海和北京0～17岁孩子的平均养育成本达到了101万元和93.6万元。从国际比较看,把一个孩子抚养到年满18岁所付出的成本相对于人均GDP的倍数,澳大利亚是2.08倍,法国是2.24倍,瑞典是2.91倍,德国是3.64倍,美国是4.11倍,日本是4.26倍,中国是6.3倍。由此看来,这毫无疑问会影响国人的生育意愿。

上述原因造成了少子化现象。少子化是指由于生育率下降,导致少儿人口不断减少的过程。少儿人口一般是指0～14岁人口。一个国家或地区0～14岁人口占总人口比重越低,少子化越严重,少儿人口数量和比重减少,老年人口的数量和比重相对增加,这是导致人口老龄化的重要原因。

寿命延长是经济社会和科技发展共同进步的结果,追求健康长寿是人类共同的愿望。因此,寿命延长带来的老龄化是好事。但少子化带来的老龄化则是真正的危机所在。

少子化不仅会拉升老年人口比例,使社会失去活力,而且，只要生育率一直低迷，人口规模将持续萎缩。其后果是技术迭代趋缓，经济先停滞后萎缩，社会进一步内卷，整体国力大幅下降。在这个过程中，人口将加速向核心城市集聚，而大量农村和中小城市将变得萧条甚至被废弃。因此，我们面临的人口问题与其说是老龄化问题，不如说是少子化问题。

少子化的不断发展，会导致养老金体系难以为继。2022年我国65岁以上老年人口占比为14.9%，已经有不少省份的养老保险金当期入不敷出。东北三省由于生育率长期过低、老龄化程度较高，养老金亏空严重。

未来，大部分人还是要依靠社会养老体系来养老，年轻人的负担将会大幅度加重。当人类平均寿命达到90多岁以后，一个几代独生子女家庭，就会形成8∶4∶2∶1的结构，2个年轻人将面临需要养14个老人，这不是危言耸听。当前我国的生育率已经跌到1，年轻人已经在面临这种倒金字塔形的养老压力。未来，养老负担如果急剧上升，将对经济和社会的活力产生一定的负面影响。

三、长寿时代的喜和忧

健康长寿，是全人类的共同追求，几千年前的古人就已经在追求"长生不老"了。随着经济社会的发展和科学技术的进步，人类健康医疗保障水平得到了极大提升，人类的平均寿命也在迅速增长，人类追求健康长寿的梦想正在一步一步实现，百岁时代已经不再遥远。

南丹麦大学衰老研究中心一项研究显示，英国2000年出生的小孩至少有一半能活到100岁。有研究指出，2007年出生的小孩有一半至少可活到103岁，日本同年出生的小孩至少有一半可达到107岁。现在越来越多的研究结果显示，21世纪出生的孩子，如果没有特别大的意外，人均预期寿命能达到100岁。

从1949年到1982年，我国百岁老人数量一直在5000人以下，随着社会经济和健康医疗水平的提高，百岁老人数量在20世纪80年代后持续增长，并在2010年至2020年间实现跨越式增长。全国百岁老人从2010年的约3.6万人增长到2020年的约11.9万人，增长了2.3倍。从比例上看，我国每10万人中百岁老人数量从2010年的2.7人增加至2020年的8.4人。联合国《世界人口展望2022》中的预测结果显示，到2050年，我国百岁老人将接近50万人，每10万人中百岁老人数量将达到37.18人。

根据国家卫生健康委员会已公布的数据，我国2023年人均预期寿命达到78岁。预计到2025年，这个数据将达到78.3岁。2030年，我国将实现人均预期寿命79岁。国务院办公厅印发的《"十四五"国民健康规划》指出，2015年至2020年，人均预期寿命从76.3岁提高到77.9岁，到2025年，我国人均预期寿命将在2020年的基础上继续提高1岁左右。展望2035年，我国人均预期寿命达到80岁以上。长寿时代已经不可遏制地到来。

与此同时，"未富先老"问题已经出现。2021年，我国65岁及以上老年人口占比超过14%，当时人均GDP约为12618美元，而美国、日本、韩国在进入深度老龄化阶段时人均GDP分别为5.5万美元、4万美元、3.3万美元；2022年，我国人均GDP达到12741美元，接近发达经济体下限，但14%的老龄化程度远远超过中高收入经济体

10.8%的平均水平；2023年，我国人均GDP约为1.3万美元，65岁及以上人口占比为15.4%，依然高于中高收入经济体12.2%的水平。

百岁人生已经呼啸而来。如何计划与安排退休之后的生活、健康、医疗等支出，是我们每个人都应该考虑的问题。

第二章

养老之惑：
养老四大
提问

一、我需要攒多少养老金，才能安享晚年

退休之后，我们最想过的生活是什么样的？

在公园里晒太阳、唱歌、跳广场舞，找老朋友喝茶聊八卦，或者背上行囊，自驾游遍祖国的大好河山。

要做到这些，容易吗？这样的生活似乎随处可见，实际上却并不容易。

随着长寿时代的到来，人们要面临的是越来越长的退休生活。按照平均寿命80岁、退休年龄63岁来算，大多数人可能要度过近20年的退休生活，安享晚年是老年人的共同追求。

如何安享晚年？晚年，意味着什么？至少意味着要面临以下几个问题。

（1）健康保障。根据有关数据，我国75%的老人患有一种或一种以上慢性病，失能失智老人约4500万，患有阿尔兹海默症的人群已经超过1000万，带病养老已是现实。如何应对疾病的侵袭，医疗和健康的保障必不可少，也就必然产生健康和医疗方面的支出。这些支出将来自以下几个方面：健康保险，养老金，储蓄，理财收入，等等。

（2）生活保障。衣食住行，吃喝拉撒，这是每一位老年人的基本支出。基本支出能够养活自己。如果要过上有品质的生活，那么支出将更高。例如，更高品质的餐食，兴趣爱好的享受，出门旅行的需求，行动不便时聘请护理人员，等等，这就需要更高的支出水平。

（3）其他需要。退休之后的老年人，也可能存在其他需要，如在资金上尽可能帮助自己的子女和孙辈，这种情况并不少见，特别是在当前年轻人家庭负担较重的情况下，或者在一些年轻人"躺平""啃老"的情况下，老年人可能也希望（或者不得已需要）能够帮助他们，这也意味着更多的支出。

怎样过上体面的退休生活，是每一个临近退休的人甚至年轻人，需要思考的重要问题。

这里，首先要了解一个概念——养老金替代率，这个概念是指退休时养老金领取水平与退休前工资收入水平之间的比率。

美国劳动部建议，当你停止工作时，你将需要退休前收入的70%到90%来维持你的生活水平。而世界银行组织建议，要维持退休前的生活水平不下降，养老替代率须不低于70%，国际劳工组织则建议养老金替代率最低标准为55%。

实际上，2021年，我国社保养老金的平均替代率为43.6%，很多人的养老金连退休前月薪的一半都不到，导致在很大程度上影响退休生活的品质。

那么，体面的退休生活意味着什么呢？

（1）吃穿用度，基本生活不发愁，有养老金支持。

（2）生病了，不求人要钱，有医疗保障。年纪变大意味着疾病可能会接踵而至。无论听力、视力这些基本功能的弱化，还是肿瘤、高血压、糖尿病这些疾病的缠身，都会给老年人带来精神、物质上的双重压力。科学研究指出，随着年龄的增长，老年人患肿瘤的概率越来越大。老年人在医疗方面的支出也远高于年轻人。据《中国健康报告》的数据，60岁以上的老年人每年的医疗费用平均已经超过了2万元，并且这个数字随着年龄的增长呈上升趋势。有数据显示，老年型家庭在医疗保健方面的支出几乎是年轻型家庭的2.5倍。

（3）走不动了，躺床上了，不拖累家人，有护理服务支持。

（4）有更高品质的养老要求，如享受兴趣爱好、出门旅游等。

当然，这只是一个粗略的估算。医疗事故和意外，以及帮衬子女等方面的支出，都可能是增加老年人支出的重要方面。

如果一位老人打算63岁退休，其预期寿命为80岁，那么他需要为近20年的退休生活做准备。考虑到退休后的生活费用可能会有所减少，但医疗保健等支出可能会增加，假设他现在每年的生活费用是10万元，那么退休后可能需要8万元。这样算下来，20年就需要160万元。

我们可以在国家社会保险公众服务平台上，把自己真实的信息填进去，计算自己的养老金，预估自己要攒多少钱。

数据显示，我国的通货膨胀率稳定在2%～3%。假如我们今年40岁，生活费用每月是1万元，考虑到通货膨胀，10年后我们可能需要1.2～1.3万元来维持同样的生活品质。当你年满60岁时，这个数可能会变成1.5～1.8万元。

因此，我们一定要做好相关准备，为老年生活奠定坚实的经济基础。

二、我缴纳的基本养老保险会被领光吗

2023年2月25日，第十二届全国政协副主席、央行原行长周小川在"第五届全球财富管理论坛"上分享了对于

养老金现状的看法：从国际上看，多数国家预筹养老金的总量为 GDP 的 50%～100%，有的国家超过 100%；中国养老金预筹资金虽然总数有好几万亿元，但是占 GDP 的比例较低，约 10% 以下，有人说 6%，也有人说 2%～3%。

根据中国社科院世界社保研究中心发布的《中国养老金精算报告 2019—2050》：2019 年全国城镇企业职工基本养老保险基金累计结余 4.26 万亿元，2022 年累计结余 5.69 万亿元，到 2027 年达到峰值 6.99 万亿元，然后开始迅速下降，到 2035 年，社保养老金累计结余将被耗尽。

养老金到底还"行不行"？通过现结现付制，年轻人已经把自己的钱交到了统筹账户里，为现在的退休老人提供保障，本来"老吾老以及人之老"是我们的美德，但是，年轻人老了以后是否还能得到养老的保障？很多人看着养老金累计结余逐步下降、人口出生率下降的现实，心中充满了忧虑。

而实际上，针对这样的现状，国家也经在帮大家想办法了。

全国统筹

我国养老金制度从20世纪90年代建立后，逐步从县级统筹，发展到2020年底实现省内统筹。但是各省之间的养老保险基金结构性矛盾非常突出。经济发展好的地区养老金往往会更多一些，因为这类城市年轻人更多，缴纳社保的人多，养老保险基金也就更充足；而经济相对落后的地区，缴纳社保的人少，留守老人多，所以养老基金压力比较大。

2021年，东北三省、青海、河北、河南、山东、天津的养老金人均累计结余不超过5000元/人，而广东、北京、西藏的养老金人均累计结余超过2.5万元/人。

2023年9月，北京人社局官方发布公告，北京社保管理系统于9月25日18时至10月20日0时停机，切换至全国养老保险统筹信息系统。北京社保系统切换结束，新系统正式上线，标志着全国养老保险统筹基本完成。

养老金全国统筹，对我们普通人有何具体影响？一是保障养老金按时足额发放，二是办理社保转移等手续更加方便。实现养老金全国统筹，国家就能更加合理地对养老基金充裕的地区进行资源调配，实现各地平衡，让更多老人能按时足额地领取养老金，保证他们的基本生活质量。

社保入税，增加征缴

在社保统筹账户中，对于一些企业来说，需要缴纳的城镇基本养老保险费率较高、负担较重，不少企业通过逃费或者降低缴纳基数，来降低企业的财务负担。因此，国家为了减轻企业负担，特别是小微企业的压力，激发市场活力，将企业缴纳养老保险比例，从20%调降到16%。但是降低企业缴纳比例，必须以扩大社保缴纳覆盖率为基础。由此，社保入税政策应运而生，即由税务部门统一征收社保，加强对社保征缴的监督和检查，实现社保全覆盖。

划转国有资本

2017年，国务院印发了《划转部分国有资本充实社保基金实施方案》，启动了划转部分国有资本充实社保基金改革。根据方案，划转中央和地方国有及国有控股大中型企业、金融机构10%国有股权至全国社会保障基金理事会和地方相关承接主体。按照10%的比例划转股权，再考虑到划转对象为大中型企业和金融机构，划转的国有资本规模可达到万亿元级别。目前，全国划转工作已基本完成，多数承接主体接收的划转国有股权禁售期已过，全国社会保障基金理事会和地方相关承接主体开始收取划转股权现金分红，且规模逐年增加，还可以通过运作管理进一步获取收益。

延迟退休

《中共中央关于进一步全面深化改革 推进中国式现代化的决定》提出，要积极应对人口老龄化，完善发展养老事业和养老产业政策机制。按照自愿、弹性原则，稳妥有序推进渐进式延迟法定退休年龄改革。

实际上，世界上很多国家都在推进延迟退休年龄。美国社会保障局设定了不同的正常退休年龄，例如，1937年和1937年以前出生者，退休年龄是65岁；1943年到1954年间出生者，退休年龄是66岁；1960年和1960年后出生者，退休年龄是67岁。如果提前退休，那么年满62岁就可以开始领退休金，但要打7折，每推迟一个月领取，打的折扣就少一些；在正常退休年龄内退休的人，可以领取全额退休金；选择延迟退休的人，在原有的退休金基础上还能获得奖励性的收益。这种以自愿为原则、渐进式的退休制度设计，让人们可以根据自身情况进行选择。而拉开档次的退休金获得比例，特别是对于延迟退休的奖励性收益，在一定程度上鼓励了美国人延迟退休。日本则通过《高龄者雇用安定法》规定，企业有义务继续雇用面临退休但有工作意愿的65岁以下员工。

2024年9月，《全国人民代表大会常务委员会关于实施渐进式延迟法定退休年龄的决定》发布，渐进式延迟法定退休年龄2025年起施行，这将有利于提高养老金缴费年限，增加个人账户积累，同时缩短领取养老金的时间，有助于养老金收支平衡，缓解我国养老保险基金的压力，实现养老保险制度的可持续发展。同时，通过调整退休年龄，可以减少"早退"现象，优化养老金分配结构，确保更多人在达到法定退休年龄后享受到应有的养老待遇。

社保养老金入市

2011年，中国证监会首次提出"养老金入市"，就是把基本养老保险基金中的一定额度，委托国务院授权的专业机构投资运营，由人社部、财政部、央行等监管。通过资产配置，实现保值增值。

《中华人民共和国社会保险法》指出，国家设立全国社会保障基金，由中央财政预算拨款以及国务院批准的其他方式筹集的资金构成，用于社会保障支出的补充、调剂。全国社会保障基金由全国社会保障基金管理运营机构负责管理运营，在保证安全的前提下实现保值增值。

《全国社会保障基金投资管理暂行办法》指出，社保基金投资的范围限于银行存款、买卖国债和其他具有良好流动性的金融工具，包括上市流通的证券投资基金、股票、信用等级在投资级以上的企业债、金融债等有价证券。理事会直接运作的社保基金的投资范围限于银行存款、在一级市场购买国债，其他投资须委托社保基金投资管理人管理和运作并委托社保基金托管人托管。划入社保基金的货币资产的投资，按成本计算，应符合下列规定：①银行存款和国债投资的比例不得低于50%。其中，银行存款的比例不得低于10%，在一家银行的存款不得高于社保基金银行存款总额的50%。②企业债、金融债投资的比例不得高于10%。③证券投资基金、股票投资的比例不得高于40%。

可见，社保基金的投资风格是风险分散且稳健的，最重要的是，社保基金的投资具有专业性，这一点，大家要有信心。

全国社会保障基金理事会发布的《全国社会保障基金2023年度报告》显示，2023年，全国社会保障基金投资收益额250.11亿元，投资收益率0.96%。基金自成立以来的年均投资收益率为7.36%，累计投资收益额16825.76亿元。数据显示，2023年末，上证指数收于2974.9点，较2022年末下跌114.3点，跌幅为3.7%；深证成指收于9524.7点，较2022年末下跌1491.3点，跌幅为13.5%。在资本市场比较低迷的2023年，社保基金会保持了较为稳定的投资收益率，体现了社保基金的投资管理更加注重安全性，做到了将更多资金配置在安全性较高的资产之上，实现了安全性和成长性之间的平衡。

总的来说，国家已经想方设法在开源、节流、增值上下功夫，大家不用过于担心养老金被领完的情况发生。

三、养老，我需要做什么

说到养老，你有没有想过自己该做什么？也许很多人首先想到的是"存钱"，只要把钱存够，养老就不是个事儿。

存钱确实是一个养老的办法，手中有钱，心中不慌。但存钱也是一门技术活，毕竟钱会因为通货膨胀而贬值。

赚钱，永远是我们养老的根本依靠，不管你是职场人士，还是自由职业者，抑或自己当老板，都必须努力赚钱，只有赚钱才能为自己的老年生活提供保障。

赚钱的意义无须赘述，那么，在赚钱的基础上，针对养老，我们还需要做些什么呢？

这要从我国的社会养老保障体系说起。

我国的社会养老保障体系总共有三大支柱。

第一大支柱是基本养老保险。基本养老保险包括职工基本养老保险及城乡居民养老保险，其特点是强制性、广覆盖，虽然这一支柱的养老收益并不是非常丰厚，但是对于参加者而言，仍然是非常具有性价比的养老保险方式，能够让参加者享受到国家经济发展带来的好处，让参加者的养老金得到有组织的、制度性的储备。人社部数据显示，截至2023年，我国退休人员基本养老金已实现"19连涨"，全国职工的月均养老金超过3700元，养老保险为退休人员的生活提供了基本保障。

第二大支柱是企业年金和职业年金。这两个年金都是职工所在单位和职工共同缴纳的年金，可以简单称之为"单位养老"。企业年金的缴纳具有自愿性，在全国企业中能够缴纳企业年金的企业所占比例不是很大。能够参加年金计划，就是享受了企业给予员工的福利，因此，只要企业愿意缴纳年金，就应该抓住机会积极参与。

第三大支柱是个人养老金和商业养老金。总结来说，这一支柱就是"个人养老"。在第一支柱、第二支柱难以支持舒适或者高品质的养老条件的情况下，可以通过缴纳个人养老金的方式，为今后的养老做好准备。

个人养老金是指政府提供政策支持，个人自愿参加，进行市场化运营，实现养老保险补充功能的制度，其实行个人账户制，缴费完全由参加者个人承担，由参加者自主选择购买符合规定的储蓄存款、理财产品、商业养老保险、公募基金等金融产品，按照国家有关规定享受税收优惠政策。在中国境内参加城镇职工基本养老保险或者城乡居民基本养老保险的劳动者都可以参加。

商业养老金的优势在于可以终身领取。随着医疗技术的进步，长寿老人越来越多，保险公司提供的终身领取的年金产品，可以覆盖这种长寿带来的风险。

除了三大支柱，还有两件事可以做。

（1）购买重大疾病保险。养老最重要的两项开支是照护费用和医疗费用。随着年龄增长和环境污染加剧，重大疾病风险有时会比养老问题更先到来，这个问题却常常被忽视。值得注意的是，重疾险应该早买，60岁以上人群重大疾病保险不仅种类少，保费也相当高。

（2）理财投资。为应对养老支出，个人应该构建多维度的财务保障来源。例如，空余房产的租金可以是一个退休后的收入来源，也可以购买银行理财产品等稳定收益类产品。股票投资具有较大风险，不是所有退休人士都适合进行该类投资的。

以上，为大家列举了我们可以为养老所做的准备事项。建议大家未雨绸缪，从长计议，早做计划，早点行动，我们的退休生活一定会得到保障。

四、我要如何做一份养老财务规划

我国人口寿命持续延长，老龄化问题严重，在养老上，面临养老支出压力大、养老金替代率较低等问题。我们有必要提前梳理出一份科学、合理的养老投资规划，通过逐步的财务积累，为退休生活做好充足准备。

养老投资是关系退休生活品质的大事，值得用心规划。我们应该将长期投资的理念贯穿养老投资的每一步。淡化一时的短期波动，拉长投资期限，也许可以帮助我们更好地追求来自时间的红利。

下面我们用简单可行的方法，从零开始做一份养老财务规划。

第一步：明确目标，想清楚自己想要什么样的老年生活。

计算当前维持日常生活的开销。除了对日常开支的预估，也要对未来可能的大额支出提前布局，如子女是否有出国留学计划、是否要购房等。

第二步：建立资产负债表、现金流量表等，对个人/家庭资产情况进行全面评估，了解现有的家底。算一算自己能领到多少退休金。

第三步：算一算退休前需要储备多少资产。采用国债实际收益率（目的是剔除通胀影响）将退休后每年的预计支出贴现到退休当年，测算需要提前储备多少资产。

第四步：盘点一下自己的现有资产和未来收入，包括当前的薪金、储蓄、房产和未来的投资增值。

第五步：根据自己的收益风险目标，选择合适的投资产品。要实现自己的增值目标，需要具有一定年化收益率的投资。对于养老钱来说，"稳"是最核心的需求。如年金险、增额终身寿险这类储蓄型保险，能够帮我们在很长的周期里锁定利率，让退休后的基本生活有所保障。活得越长，领得越多，可以很好地防范长寿带来的风险。

养老是一个复杂的、充满不确定性的过程，在这个过程中，可以通过各种保险、理财投资来应对不确定性。

特别是医疗保障方面，这是最大的不确定性，因此，我们还需要投入一部分资金购买商业医疗保险。

进行养老投资规划后，并不意味着高枕无忧。随着时间的推移，市场环境、风险等都会改变，需要我们定期优化养老投资的资产配置，实现长期稳健收益。

养老投资是一个长达十几年甚至几十年的过程，其本质在于资产的长期保值增值。因此，长期资产配置是实现投资目标和风险控制的重要手段，发挥着稳定收益的重要作用，投资者也可以选择把资产配置交给专业人士处理。

养老投资需要尽早进行科学、合理的规划，从现在开始，为自己、家人进行养老投资规划吧。

第三章

基石养老：
养老三大
支柱

上文我们提到，我国养老保障体系有三大支柱，这是我们"老有所依"的根本保障和底气，必须深入了解、准确把握、及早行动。下面，我们就对这三大支柱进行介绍。

一、养老三大支柱的来龙去脉

三大支柱，也称三条腿或三层次，它是当今最流行的一种养老金体系。

这一养老思想源于美国前总统富兰克林·罗斯福。"二战"后，学者将这一养老思想概括为"三条腿的板凳"，以表示牢固稳健之意。

1994年，世界银行主张构建"三支柱"养老保障体系。

20世纪90年代，学界开始出现"第四条腿"的提法，其将"退休后继续工作"称为第四条腿，但本质仍为第三支柱。

2005年，世界银行建议设立非缴费养老金、缴费养老金、个人储蓄账户、自愿性储蓄、非正规的保障形式等"五支柱"老年收入保障模式。这是对"三支柱"的进一步分解与细化。

不过，对"三支柱"的分解与细化，无论"五支柱"，还是其他多支柱，归根结底，本质仍是"三支柱"，其责任主体分别为国家、雇主和个人。只要正确理解"三支柱"的本质与差异，就不会混淆"五支柱"或其他多支柱。

1991年6月，我国国务院印发《关于企业职工养老保险制度改革的决定》，提出建立基本养老保险、企业补充养老保险和职工个人储蓄养老保险相结合的制度，明确养老保险费由政府、企业、个人三方共同负担，由此搭建了养老三大支柱。

2018年5月，个税递延型商业养老保险试点，标志着我国第三支柱养老金落地，至此，三大支柱基本成型。

2022年4月21日,《国务院办公厅关于推动个人养老金发展的意见》发布,明确"国家制定税收优惠政策,鼓励符合条件的人员参加个人养老金制度并依规领取个人养老金"。

2022年9月26日,国务院常务会议进一步明确了个人养老金税收优惠政策,决定对政策支持、商业化运营的个人养老金实行个人所得税优惠,对缴费者按每年12000元的限额予以税前扣除,投资收益暂不征税,领取收入实际税负由7.5%降为3%。

至此,三大支柱养老体系得以正式搭建,为我国居民养老提供了保障。

这三大支柱分别是:基本养老保险,企业年金与职业年金,个人养老金与商业养老金。

第一大支柱:基本养老保险

《中华人民共和国社会保险法》规定,基本养老保险包括以下几类。

（1）职工应当参加基本养老保险，由用人单位和职工共同缴纳基本养老保险费。

（2）无雇工的个体工商户、未在用人单位参加基本养老保险的非全日制从业人员以及其他灵活就业人员可以参加基本养老保险，由个人缴纳基本养老保险费。

（3）公务员和参照公务员法管理的工作人员养老保险的办法由国务院规定。《国务院关于机关事业单位工作人员养老保险制度改革的决定》指出，实行社会统筹与个人账户相结合的基本养老保险制度。基本养老保险费由单位和个人共同负担。单位缴纳基本养老保险费的比例为本单位工资总额的20%，个人缴纳基本养老保险费的比例为本人缴费工资的8%，由单位代扣。

（4）新型农村社会养老保险。新型农村社会养老保险实行个人缴费、集体补助和政府补贴相结合，其待遇由基础养老金和个人账户养老金组成。参加新型农村社会养老保险的农村居民，符合国家规定条件的，按月领取新型农村社会养老保险待遇。

（5）城镇居民社会养老保险。

省、自治区、直辖市人民政府根据实际情况，可以将城镇居民社会养老保险和新型农村社会养老保险合并实施。

目前，城镇居民社会养老保险和新型农村社会养老保险已经实现合并，统称为"城乡居民基本养老保险"。

基本养老保险由政府主导，旨在为退休人员提供最基本的养老保障。这一支柱体现了现代社会资源的代际再分配，通常采用现收现付制，即当期工作人口缴费支持当期退休人口，特点是强制、普惠、政府主导。当前，我国已建立比较健全的基本养老保险制度。截至2024年3月，全国基本养老保险参保人数为10.7亿人。

第二大支柱：企业年金与职业年金

所谓企业年金，是指企业及其职工在参加基本养老保险的基础上，自主建立的补充养老保险，职工退休时，能多领一份养老钱。职业年金是机关事业单位及其工作人员在参加机关事业单位基本养老保险的基础上，建立的补充养老保险制度。

企业年金所需费用由企业和职工个人共同承担，企业缴费每年不超过本企业上年度职工工资总额的8%，企业和职工个人缴费合计不超过本企业上年度职工工资总额的12%。企业年金由单位主导，企业和职工个人共同缴费，采取完全积累制，资金进入个人账户，加上多年的累计投资收益最终成为给付的基础。这一支柱在有些国家已经成为养老金体系的主体，体现了精算平衡原理，有效应对公共养老金不足和人口老龄化的挑战。其特点是自主、补充、单位主导。

人力资源社会保障部发布的数据显示，截至2023年末，全国企业年金积累金额首次突破3万亿元，达3.19万亿元，参加职工3144万人。相对于参加基本养老保险的人数，企业年金参保率依然偏低。2023年末，企业年金已在全国14万多家企业建立，与1.8亿多户经营主体的总量相比，参加企业的比例明显偏低。德国、美国等国家的企业年金可覆盖就业人口的半数左右，我国企业年金参保人数仅占具备参保条件的职工总人数的8%，加上职业年金后，第二支柱覆盖率为15%。这个差距，既与我国第一支柱基本养老保险的保障水平较高、第二支柱建立时间较短有关，也表明企业年金的发展不足，未来空间巨大。

第三大支柱：个人养老金与商业养老金

这一支柱基于个人意愿和完全积累制，由个人自愿缴费，国家通常提供税收优惠，以体现个人养老责任。这一支柱的发展旨在为老年生活提供更为丰厚的养老回报，增强养老金的积累和保障能力。其特点是自愿、市场化、政策支持。

2022年4月，《国务院办公厅关于推动个人养老金发展的意见》发布，鼓励金融机构为客户提供养老理财、储蓄存款、商业养老保险、公募基金等运作安全、成熟稳定、标的规范、侧重长期保值的金融产品。据统计，截至2023年末，个人养老金开户人数已突破5000万人，个人养老金缴存金额约280亿元。根据2024年上半年的最新数据，个人养老金开户人数已突破6000万人。

在三大支柱中，第一支柱的目标是确保国民基本养老收入、防止老年贫困，政府负有最终财政兜底责任；第二支柱的目标是增加员工养老收入，吸引和留住优秀员工；

第三支柱的目标是加强自我保障能力，变储蓄养老为投资养老。

从总体上看，第一支柱已经基本实现全覆盖，第二、第三支柱发展较快，但相对薄弱，与西方国家相比，在缴纳主体、人数、金额等方面仍然差距较大，三个支柱发展尚不平衡。

当然，三大支柱作为制度化的养老体系，并不能覆盖居民全部的养老储备。纵观发达国家，对于养老资产的统计分类，除了社会保障基金、雇主支持的养老金、个人退休账户等，自有住房、其他资产也是同样重要的部分。

长期以来，我国居民自发以存款、保险、房产、基金等方式进行养老储备。例如，根据2024年7月的数据，我国居民存款总额超过147万亿元，如果按14亿人平摊，人均存款接近11万元。又如，我国家庭总财富中，60%~80%为房产。可以说，这些资产中有相当比例是在有意识地为养老作储备，此类积累额远远超过目前制度化的第二、三支柱的总积累额。

二、国家养老：国家统筹普惠的养老福利

我们平时说的社保，就是社会保险的简称。社会保险包含了什么呢？

《中华人民共和国社会保险法》第二条指出：

国家建立基本养老保险、基本医疗保险、工伤保险、失业保险、生育保险等社会保险制度，保障公民在年老、疾病、工伤、失业、生育等情况下依法从国家和社会获得物质帮助的权利。

我们平时说的"五险一金"，就是指上述基本养老保险、基本医疗保险、工伤保险、失业保险、生育保险，再加上住房公积金。有些单位还可能为职工提供"六险一金"，也就是在"五险一金"的基础上，增加"补充医疗保险"，这个保险是指由单位、个人根据需求和可能、自愿原则，适当增加医疗保险项目，来提高保险保障水平的一种补充性保险。目前较为常见的是补充商业医疗保险，可以覆盖基本医疗保险未覆盖的部分，如报销医保范围内个人

支付的部分，或者高端医疗服务、特定药品的费用等，以提高参保人员的医疗保障水平，有助于构建更加完善的社会保障体系。

其中，基本养老保险就是我们的第一支柱，也就是"国家养老"。

职工应当参加基本养老保险，由用人单位和职工共同缴纳基本养老保险费。无雇工的个体工商户、未在用人单位参加基本养老保险的非全日制从业人员以及其他灵活就业人员可以参加基本养老保险，由个人缴纳基本养老保险费。

基本养老保险实行社会统筹与个人账户相结合。基本养老保险基金由用人单位和个人缴费以及政府补贴等组成。用人单位应当按照国家规定的本单位职工工资总额的比例缴纳基本养老保险费，计入基本养老保险统筹基金。

职工应当按照国家规定的本人工资的比例缴纳基本养老保险费，计入个人账户。

无雇工的个体工商户、未在用人单位参加基本养老保险的非全日制从业人员以及其他灵活就业人员参加基本养老保险的，应当按照国家规定缴纳基本养老保险费，分别计入基本养老保险统筹基金和个人账户。

同时，《中华人民共和国社会保险法》提出，公务员和参照公务员法管理的工作人员养老保险的办法由国务院规定，也提出了新型农村社会养老保险、城镇居民社会养老保险等相关制度。

（一）企业职工基本养老保险

企业职工基本养老保险，是指由用人企业和职工共同缴纳的基本养老保险。

参保职工达到法定期限和法定退休年龄后，国家和社会为其提供物质帮助，以保证其因年老或病残退出劳动领域后，仍享有稳定、可靠的生活来源。

这个保险是强制参保的。

根据当前制度，个体工商户、灵活就业人员也可以参加企业职工基本养老保险。这些人可以自行选择参加企业职工基本养老保险，但企业缴纳的部分需要由个人承担。

随着现代经济社会的发展，尤其是技术的进步和经济结构的变化，就业形式会越来越灵活，灵活就业人员会越来越多，将灵活就业人员纳入职工基本养老保险覆盖范围，有利于扩大基本养老保险的覆盖面，保障灵活就业人员的社会保险权益。考虑到灵活就业人员收入情况不同，且其参加基本养老保险完全由个人缴费，所以无法强制。灵活就业人员可以自愿参加职工基本养老保险。

需要注意的是，有些非全日制从业人员与用人单位建立了比较固定的劳动关系，可由用人单位与劳动者共同缴纳基本养老保险费。

单位和个人缴费的比例是多少呢？

单位参保职工：养老保险费由单位及职工共同缴纳，按月缴纳。企业职工养老保险缴费金额＝缴费基数 × 缴费比例。以职工实际工资收入为缴费基数，单位缴费比例为16%～20%，个人缴费比例为8%。

个体工商户、灵活就业人员：可以在企业职工基本养老保险缴费基数上下限之间，自主选择缴费基数，缴费基数一年一定，可按年、季、月等进行缴费，个人缴费比例为20%。

有的人说，我能不能不缴纳社保？

首先，如果你在单位上班，缴纳基本养老保险是强制性的。

其次，其实缴纳基本养老保险是一件非常划算的事情。

第一，单位给你出的钱是你自己出的钱的2倍及以上，缴纳至统筹账户，可以领取到身故；你自己出的钱缴纳至个人账户，这部分钱纯自用，以后都是你的。等于你缴纳的钱是你的，企业缴纳的钱也是你的，何乐而不为？

第二，缴纳社保会让你得到很多好处。比如，社保可以免税；缴纳社保可以使你老有所养，病有所医，困有所济，育有所补；部分城市的子女入学条件涉及社保缴纳；外地户籍人员缴纳社保满一定年限可以获得购房贷款资格；外地户籍人员缴纳社保满一定年限可获得积分落户资格；符合人才引进政策的人员在办理人才引进手续时须提供一定年限的社保缴纳证明；等等。

好处这么多，即使是自由职业者、个体工商户，也应该考虑缴纳社保。

解答完"缴纳"相关的问题，我们再来看看"领取"相关的问题。

（1）我什么时候能够领取社保养老金？

2030年之前，基本养老保险需要缴费满15年，在达到法定退休年龄时按月领取社保养老金。根据《国务院关于渐进式延迟法定退休年龄的办法》，从2030年1月1日起，将职工按月领取基本养老金最低缴费年限由15年逐步提高至20年，每年提高6个月。职工达到法定退休年龄但不满最低缴费年限的，可以按照规定通过延长缴费或者一次性缴费的办法达到最低缴费年限，按月领取基本养老金。

（2）如果我退休了，缴费累计未满20年该怎么办？

可以缴费满20年再领取。职工达到法定退休年龄但不满最低缴费年限的，可以按照规定通过延长缴费或者一次性缴费的办法达到最低缴费年限。

（3）我退休了能够领取多少社保养老金？

社保养老金领取额度＝基础养老金＋个人账户养老金

首先看基础养老金。

$$基础养老金＝\frac{[地区上年度平均工资×（1+本人平均缴费指数）]}{2}$$
$$×缴费年限×1\%$$

我们一项一项看。

地区上年度平均工资：指我们所在的省（自治区、直辖市）上一年度在岗职工的平均工资额。平均工资额越高，我们的养老金就越高。

本人平均缴费指数：指个人在缴纳养老保险期间，每一年的缴费基数与当地职工平均工资的比值。这个比值反映了个人缴费基数在当地企业工资中的相对水平，是影响养老金的重要因素之一。

需要注意的是，当个人缴费工资低于当地职工平均工资的60%时，个人缴费指数按0.6计算；当个人缴费工资高于当地职工平均工资的300%时，个人缴费指数按3.0计算。

缴费年限：指我们缴纳社保的总期数。

接着看个人账户养老金。

$$个人账户养老金＝个人账户储存额÷计发月数$$

其中，个人账户储存额即个人缴纳的基本养老保险的总额。

计发月数则是以当前人口平均寿命减去退休年龄计算出的年限乘以12个月得到。

（二）机关事业单位养老保险

我国长期实行两套并行的养老金体系，即政府部门、事业单位运行的养老金制度，以及企业自筹自缴的养老金制度。

机关事业单位的养老金由财政支付，养老金替代率较高，2014年之前，以工作满20年、30年和35年为例，其养老金替代率高达80%、85%、90%，甚至可能出现退休后拿的养老金比在职收入还高的情况。

相比之下，企业职工的养老金则依靠单位和职工共同缴纳，主要取决于缴费水平和年限，平均水平低于机关事业单位，替代率一般低于50%。机关事业单位职工的养老金待遇明显高于企业职工，在实际中甚至高出三至五倍，关于养老金并轨的呼声日益高涨。

《社会保障绿皮书》显示，大部分人认为养老金难以满足退休后的正常生活需求，尤其是新农保参保人和城镇居民。可见，养老金差异不仅体现在金额上，还存在于人们的心理感受和社会认知中，养老金双轨制不只是经济问题，更是社会问题。

2015年，《国务院关于机关事业单位工作人员养老保险制度改革的决定》（简称《决定》）发布，标志着我国养老保险制度改革的正式启动。改革旨在通过"老人老办法，新人新制度，中人逐步过渡"的原则，建立一个统一的养老保险制度，确保机关事业单位工作人员养老金待遇水平不降低，同时引入职业年金计划以优化退休待遇结构。

《决定》明确了基本养老金调整机制，确保机关事业单位和企业退休人员能共享经济社会发展成果，规定了明确的缴费比例，强调了待遇与缴费挂钩的原则，提高了参保缴费的积极性。

今天，如果你是在机关事业单位工作并在其编制内的人员，单位会给你上机关事业单位养老保险，这是强制缴纳的，保费由单位和个人按比例承担。

机关事业单位养老保险制度改革，适用于按照公务员法管理的单位、参照公务员法管理的机关（单位）、事业单位及其编制内的工作人员。其中，事业单位是指根据国家有关规定进行分类改革后的公益一类、二类事业单位。

机关事业单位基本养老保险费由单位和个人共同负担。单位缴纳基本养老保险费的比例为本单位工资总额的20%，个人缴纳基本养老保险费的比例为本人缴费工资的8%，由单位代扣。按本人缴费工资8%的数额建立基本养老保险个人账户，全部由个人缴费形成。个人工资超过当地上年度在岗职工平均工资300%以上的部分，不计入个人缴费工资基数；低于当地上年度在岗职工平均工资60%的部分，按当地在岗职工平均工资的60%计算个人缴费工资基数。

对于机关事业单位养老保险参保人员的待遇领取条件方面，有以下规定。

根据实施渐进式延迟法定退休年龄的政策，从2030年1月1日起，将职工按月领取基本养老金最低缴费年限由15年逐步提高至20年，每年提高6个月。上述《决定》实施后参加工作、个人缴费年限累计满20年的人员，退休后按月发给基本养老金。基本养老金由基础养老金和个人账户养老金组成。退休时的基础养老金月标准以当地上年度在岗职工月平均工资和本人指数化月平均缴费工资的平均值为基数，缴费每满1年发给1%。个人账户养老金月标准为个人账户储存额除以计发月数，计发月数根据本人退休时城镇人口平均预期寿命、本人退休年龄、利息等因素确定。

上述《决定》实施前参加工作、实施后退休且缴费年限累计满20年的人员，按照合理衔接、平稳过渡的原则，在发给基础养老金和个人账户养老金的基础上，再依据视同缴费年限长短发给过渡性养老金。

（三）城乡居民基本养老保险

2014年，按照党的十八大精神和十八届三中全会关于整合城乡居民基本养老保险制度的要求，依据《中华人民共和国社会保险法》有关规定，在总结新型农村社会养老保险和城镇居民社会养老保险试点经验的基础上，国务院决定，将新农保和城居保两项制度合并实施，在全国范围内建立统一的城乡居民基本养老保险制度，发布《国务院关于建立统一的城乡居民基本养老保险制度的意见》（简称《意见》）。

根据这个制度，年满16周岁（不含在校学生），非国家机关和事业单位工作人员及不属于职工基本养老保险制度覆盖范围的城乡居民，可以在户籍地参加城乡居民养老保险。

城乡居民养老保险基金由个人缴费、集体补助、政府补贴构成。

（1）个人缴费

参加城乡居民养老保险的人员应当按规定缴纳养老

保险费。缴费标准目前设为每年100元、200元、300元、400元、500元、600元、700元、800元、900元、1000元、1500元、2000元12个档次，省（区、市）人民政府可以根据实际情况增设缴费档次，最高缴费档次标准原则上不超过当地灵活就业人员参加职工基本养老保险的年缴费额，并报人力资源社会保障部备案。人力资源社会保障部会同财政部依据城乡居民收入增长等情况适时调整缴费档次标准。参保人自主选择缴费档次，多缴多得。

（2）集体补助

有条件的村集体经济组织应当对参保人缴费给予补助，补助标准由村民委员会召开村民会议民主确定，鼓励有条件的社区将集体补助纳入社区公益事业资金筹集范围。鼓励其他社会经济组织、公益慈善组织、个人为参保人缴费提供资助。补助、资助金额不超过当地设定的最高缴费档次标准。

（3）政府补贴

政府向符合领取城乡居民养老保险待遇条件的参保人

全额支付基础养老金，其中，对中西部地区按中央确定的基础养老金标准给予全额补助，对东部地区给予50%的补助。

地方人民政府应当对参保人给予缴费补贴，对选择最低档次标准缴费的，补贴标准不低于每人每年30元；对选择较高档次标准缴费的，适当增加补贴金额；对选择500元及以上档次标准缴费的，补贴标准不低于每人每年60元，具体标准和办法由省（区、市）人民政府确定。对重度残疾人等缴费困难群体，地方人民政府为其代缴部分或全部最低标准的养老保险费。

国家为每个参保人员建立终身记录的养老保险个人账户，个人缴费、地方人民政府对参保人的缴费补贴、集体补助及其他社会经济组织、公益慈善组织、个人对参保人的缴费资助，全部计入个人账户。个人账户储存额按国家规定计息。

城乡居民养老保险待遇由基础养老金和个人账户养老金构成，支付终身。

（1）基础养老金

中央确定基础养老金最低标准，建立基础养老金最低标准正常调整机制，根据经济发展和物价变动等情况，适时调整全国基础养老金最低标准。地方人民政府可以根据实际情况适当提高基础养老金标准；对长期缴费的，可适当加发基础养老金，提高和加发部分的资金由地方人民政府支出，具体办法由省（区、市）人民政府确定，并报人力资源社会保障部备案。

（2）个人账户养老金

个人账户养老金的月计发标准，目前为个人账户全部储存额除以139（与现行职工基本养老保险个人账户养老金计发系数相同）。参保人死亡，个人账户资金余额可以依法继承。

参加城乡居民养老保险的个人，年满60周岁、累计缴费满15年，且未领取国家规定的基本养老保障待遇的，可以按月领取城乡居民养老保险待遇。

新农保或城居保制度实施时已年满60周岁，在该《意见》印发之日前未领取国家规定的基本养老保障待遇的，不用缴费，自该《意见》实施之月起，可以按月领取城乡居民养老保险基础养老金；距规定领取年龄不足15年的，应逐年缴费，也允许补缴，累计缴费不超过15年；距规定领取年龄超过15年的，应按年缴费，累计缴费不少于15年。

注意，2024年推出的渐进式延迟退休政策，仅聚焦"职工"，针对的是在企事业单位工作的人员，此前参加城乡居民基本养老保险的人员继续享受原先的养老保险政策，即缴纳最低年限15年且年满60岁就可以领取养老金。

自城乡居民基本养老保险制度建立以来，参保人数稳步增加，制度覆盖面持续扩大。2022年参保人数已经达到54952万，相较于2014年的50107万，增加了4845万，增长了9.67%。其中，缴费人数从2014年的35794万增长至2021年的38584万，尽管2022年略有下降，降至38488万，但相较于2014年，仍增长了7.53%；领取待遇人数则从2014年的14313万增长至2022年的16464万，增长了15.03%，受益人群不仅一直在扩大，而且增长幅度远超过缴费人数，越来越多的居民切实享受到了制度带来的益处。这有助于激励更多的未覆盖人群参加城乡居民基本养老保险，进一步扩大制度覆盖面。

收入方面，目前城乡居民基本养老保险基金的主要收入来源是财政补贴，其次是居民缴纳的保险费。财政补贴收入一直在持续稳步增加。根据财政部公布的历年全国社会保险基金决算数据，2022年城乡居民基本养老保险基金中的财政补贴收入已经增长至3442.22亿元，相较于2015年的2043.99亿元，增长了68.41%，而同期社会保险费收入亦从707.65亿元增长至1675.32亿元，增长了136.74%。这既得益于参保缴费人数的不断增加，也与人均缴费水平的持续提高有关。人均缴费水平已经由2014年的190.52元提高至2022年的435.28元，提升了128.47%，增长幅度很大。毫无疑问，财政补贴收入、保险缴费水平的不断提高，会带来保险基金筹资水平的进一步提升，进而提高制度的保障能力。

支出方面，由于历年基金支出规模均小于收入规模，因而基金累计结余亦在不断地攀升。具体而言，城乡居民基本养老保险基金总收入由2014年的2310亿元增长至2022

年的5609亿元，增长了1.43倍；同期基金总支出由1571亿元增长至4044亿元，增长了1.57倍；基金累计结余由2014年的3845亿元一路攀升至2022年的12 962亿元，增幅达到2.37倍。基金累计结余的不断增长，有助于更好地保障老年居民的基本生活需要。

三、单位养老：企业年金和职业年金

（一）企业年金

企业年金，是指企业及其职工在依法参加基本养老保险的基础上，自主建立的补充养老保险制度。

企业年金是对国家基本养老保险的重要补充，是我国的城镇职工养老保险体系的第二支柱。在实行现代社会保险制度的国家中，企业年金已经成为一种较为普遍的企业补充养老金计划，又称"企业退休金计划"或"职业养老金计划"，并且成为国家养老保险制度的重要组成部分。

企业年金所需费用由企业和职工个人共同缴纳。企业年金基金实行完全积累，为每个参加企业年金的职工建立个人账户，按照国家有关规定投资运营。企业年金基金投资运营收益并入企业年金基金。

很多人在跟朋友交流的时候，可能会聊到公司有没有企业年金，到底要不要缴费，诸如此类的话题。

缴纳企业年金，到底有什么好处呢？

第一，企业年金是制度性养老金，有利于企业职工退休后，在领取基本养老金的基础上，另外增加一份养老积累，进一步提高退休后的收入水平和生活质量。

第二，企业年金个人部分可以税前扣除。根据《中华人民共和国个人所得税法实施条例》规定，个人所得税法第六条第一款第一项所称依法确定的其他扣除，包括个人缴付符合国家规定的企业年金。这意味着，个人缴纳的企业年金部分在符合国家规定的情况下，可以在计算个人所得税时进行税前扣除。具体来说，企业年金个人缴费部分不超过本人缴费工资计税基数的4%的，可以暂从个人当期的应纳税所得额中扣除。这样能够减少个人的应纳税所得额，从而降低个人所得税的税负。

此外，退休后领取的企业年金可以计入个人所得税的专项附加扣除，可以进一步降低个人的应纳税所得额，从而减轻税负。

第三，收益率高。数据显示，2007—2023年，全国企业年金基金年均收益率达到6.26%，累计收益率达180.67%，绝大部分年份实现了良好收益；2012年以来累计投资收益金额超7000亿元。

全国企业年金业务数据显示，截至2023年底，全国企业年金积累基金达3.19万亿元，2023年投资收益为325.86亿元，加权平均收益率1.21%。要知道这个数据是不错的，2023年，A股市场，上证指数下跌3.70%，实现正增长就是一份不错的成绩单。

企业年金发展得怎么样?

2007年投资运作以来，全国企业年金年均规模增速为21%，显示出强劲的增长动力。

企业年金覆盖面方面，截至2023年底，参加的职工合计达3144万人，2007年以来年均增速为8%，中小企业职工参与面不断拓展。

投资运营方面，企业年金市场化投资运营成效显著。企业年金坚持多元化资产配置，含权投资组合占据主流，长期收益稳健，可以较好实现保值增值目标。

待遇领取方面，2012年以来，累计领取金额超5000亿元，企业年金领取人数及占比逐年增加，制度保障作用不断增强。

根据《企业年金办法》，企业和职工建立企业年金，应当依法参加基本养老保险并履行缴费义务，企业具有相应的经济负担能力。

建立企业年金，企业应当与职工通过集体协商确定，并制定企业年金方案。企业年金方案应当提交职工代表大会或者全体职工讨论通过。

企业年金基金由下列各项组成：

（1）企业缴费；

（2）职工个人缴费；

（3）企业年金基金投资运营收益。

企业缴费每年不超过本企业职工工资总额的8%。企业和职工个人缴费合计不超过本企业职工工资总额的12%。具体所需费用，由企业和职工协商确定。职工个人缴费由企业从职工个人工资中代扣代缴。

实行企业年金后，企业如遇到经营亏损、重组并购等当期不能继续缴费的情况，经与职工协商，可以中止缴费。不能继续缴费的情况消失后，企业和职工恢复缴费，并可以根据企业实际情况，按照中止缴费时的企业年金方案予以补缴。补缴的年限和金额不得超过实际中止缴费的年限和金额。

企业缴费应当按照企业年金方案确定的比例和办法计入职工企业年金个人账户，职工个人缴费计入本人企业年金个人账户。

职工企业年金个人账户中个人缴费及其投资收益，自始归属职工个人。

职工企业年金个人账户中企业缴费及其投资收益，企业可以与职工约定自始归属职工个人，也可以约定随着职工在本企业工作年限的增加逐步归属职工个人，完全归属职工个人的期限最长不超过8年。

有下列情形之一的，职工企业年金个人账户中企业缴费及其投资收益完全归属职工个人：

（1）职工达到法定退休年龄、完全丧失劳动能力或者死亡的；

（2）非因职工过错企业解除劳动合同的，或者因企业违反法律规定职工解除劳动合同的；

（3）劳动合同期满，出于企业原因不再续订劳动合同的；

以及企业年金方案约定的其他情形。

符合下列条件之一的，可以领取企业年金：

（1）职工在达到国家规定的退休年龄或者完全丧失劳动能力时，可以从本人企业年金个人账户中按月、分次或者一次性领取企业年金，也可以将本人企业年金个人账户资金全部或者部分用于购买商业养老保险产品，依据保险合同领取待遇并享受相应的继承权；

（2）出国（境）定居人员的企业年金个人账户资金，可以根据本人要求一次性支付给本人；

（3）职工或者退休人员死亡后，其企业年金个人账户余额可以继承。

职工工作单位变动，企业年金怎么处理？

《企业年金办法》第二十二条规定，职工变动工作单位时，新就业单位已经建立企业年金或者职业年金的，原企业年金个人账户权益应当随同转入新就业单位企业年金或者职业年金账户。

职工新就业单位没有建立企业年金或者职业年金的，或者职工升学、参军、失业期间，原企业年金个人账户可以暂时由原管理机构继续管理，也可以由法人受托机构发起的集合计划设置的保留账户暂时管理；原受托人是企业年金理事会的，由企业与职工协商选择法人受托机构管理。

退休时可以一次性领取企业年金吗？

允许参保人员在退休时一次性领取企业年金。

职工在达到国家规定的退休年龄时，可以从本人企业年金个人账户中按月、分次或者一次性领取企业年金，也可以将本人企业年金个人账户资金全部或者部分用于购买商业养老保险产品，依据保险合同领取待遇并享受相应的继承权。

企业年金作为一项制度性的养老保障，目前运行的效果如何？

企业年金已在全国14万多家企业建立，但与1.8亿多户经营主体的总量相比，参加企业的比例明显偏低。德国、美国等国家的企业年金可覆盖就业人口的半数左右，我国企业年金参保人数占具备参保条件的职工总人数比例仅为8%，加上职业年金后，第二支柱覆盖率仅为15%。

由于企业年金是企业和个人自愿实施、自主建立的养老保障举措，部分企业并没有强烈的意愿建立企业年金。

除了部分企业盈利能力不强、供款能力较弱等，不少企业对企业年金政策知之甚少，或误认为可以用期权、股权等未来收益替代。有些民营企业有支付能力和意愿，但由于不适应相关程序和规则而放弃实施。一些小微企业则由于缺乏专业人员操作、员工流动频繁、企业年金关系转续难而望而却步。

这些都是阻碍企业年金有效扩面发展的因素。

同时，企业年金也受职工参与意愿的影响。劳动者流动性增大，很多人更愿意追求短期效益而非长期的隐性福利，以及年轻人对自由灵活工作方式的追求，都不利于这种养老保障机制的实施和发展。

（二）职业年金

职业年金，是指机关事业单位及其工作人员在参加机关事业单位基本养老保险的基础上，建立的补充养老保险制度。

同样作为"单位养老"，职业年金与企业年金在管理办法上有诸多相近之处。

职业年金所需费用由单位和工作人员个人共同承担。单位缴纳职业年金费用的比例为本单位工资总额的8%，个人缴费比例为本人缴费工资的4%，由单位代扣。单位缴费与个人缴费均计入本人职业年金个人账户。

单位和个人缴费基数与机关事业单位工作人员基本养老保险缴费基数一致。根据经济社会发展状况，国家适时调整单位和个人职业年金缴费的比例。

职业年金基金由下列各项组成：

（1）单位缴费；

（2）个人缴费；

（3）职业年金基金投资运营收益；

（4）国家规定的其他收入。

工作人员变动工作单位时，职业年金个人账户资金可以随同转移。工作人员升学、参军、失业期间或新就业单位没有实行职业年金或企业年金制度的，其职业年金个人账户由原管理机构继续管理运营。新就业单位已建立职业年金或企业年金制度的，原职业年金个人账户资金随同转移。

符合下列条件之一的可以领取职业年金。

（1）工作人员在达到国家规定的退休条件并依法办理退休手续后，由本人选择按月领取职业年金待遇的方式。可一次性用于购买商业养老保险产品，依据保险契约领取待遇并享受相应的继承权；可选择按照本人退休时对应的计发月数计发职业年金月待遇标准，发完为止，同时职业年金个人账户余额享有继承权。本人选择任一领取方式后不再更改。

（2）出国（境）定居人员的职业年金个人账户资金，可根据本人要求一次性支付给本人。

（3）工作人员在职期间死亡的，其职业年金个人账户余额可以继承。

未达到上述职业年金领取条件之一的，不得从个人账户中提前提取资金。

职业年金基金应当委托具有资格的投资运营机构作为投资管理人，负责职业年金基金的投资运营；应当选择具有资格的商业银行作为托管人，负责托管职业年金基金。委托关系确定后，应当签订书面合同。

职业年金和企业年金，有什么不一样的地方？

（1）参与主体不同。企业年金适用于各类企业及其职工，职业年金适用于机关事业单位及其编制内工作人员。

（2）强制性不同。企业年金是自主自愿建立的，企业根据自身的经济状况和发展战略来决定是否建立企业年金，以及年金的具体方案。而职业年金是强制性的。《国务院关于机关事业单位工作人员养老保险制度改革的决定》规定，机关事业单位在参加基本养老保险的基础上，应当为其工作人员建立职业年金。

（3）缴费方式不同。企业年金的缴费由企业和职工共同承担，企业缴费每年不超过本企业职工工资总额的8%，企业和职工个人缴费合计不超过本企业职工工资总额的12%。具体的缴费比例可以由企业和职工协商确定。职业年金的缴费由单位和职工共同承担，单位缴费比例为本单位工资总额的8%，个人缴费比例为本人缴费工资的4%。注意，企业年金在缴费方式上的一个特点是"不超过"。例如，企业职工工资是10000元，缴费比例是10%，那么企业和职工共缴费1000元；在公务员工资也是10000元的情况下，单位和职工共缴费1200元。

（4）管理方式不同。企业年金采用市场化运营，企业可以自主选择受托人、账户管理人、托管人和投资管理人等管理机构。职业年金采用省级集中委托投资运营的方式，由省级社会保险经办机构集中行使委托职责。

（5）领取条件不同。企业年金的领取条件包括职工达到法定退休年龄、完全丧失劳动能力、出国（境）定居、死亡等。职业年金的领取条件主要是工作人员退休后，一般不允许提前支取。

截至2023年底，全国各省（自治区、直辖市）、新疆生产建设兵团和中央单位职业年金基金投资运营规模2.56

万亿元，年均投资收益率4.37%。

四、个人养老：神奇的个人养老金账户

各位读者朋友，请你回忆一下，最近两年，你去银行办理业务的时候，是不是有不少工作人员向你极力推荐开设个人养老金账户？你当时是什么反应？是开设了账户，还是心存疑虑答复对方"先了解了解"，心里却认为"这玩意儿根本没必要"？

你第一次听到"个人养老金"这五个字的时候，可能觉得新鲜，但你一定没想到，它其实就是我国养老保险的第三大支柱，是我国健全多层次、多支柱养老保险体系的一个重大里程碑。

虽然"个人养老"古已有之，但作为一个制度化、拥有投资渠道优势和税收优惠政策的重要养老制度设计，它在2022年才开始施行。

2022年4月，《国务院办公厅关于推动个人养老金发

展的意见》发布，对个人养老金的参加范围、缴费水平、税收政策、投资领取、运营监管等内容进行了规定。2022年11月4日，《个人养老金实施办法》发布，同日个人养老金的个人所得税、业务管理等一系列政策和管理办法密集出台，为个人养老金业务的开展夯实了基础，建立了四梁八柱，标志着第三支柱正式落地，同时在北京、天津、上海、广州等36个城市（地区）先行启动实施。截至2023年底，我国超5000万人开立了个人养老金账户。2024年1月以来，个人养老金制度运行平稳，将在全国全面推进实施。

个人养老金的前景极为广阔。

假设2035年中国GDP相对2020年翻一倍，达到200万亿元。如果按照主要OECD国家平均水平预测，中国个人养老金占GDP比重达到25%（国际上一般用养老金占GDP比重，衡量养老体系发展水平），则中国个人养老金将增长到50万亿元。

说了半天，个人养老金，它到底是个啥？

个人养老金，是一项政府政策支持、个人自愿参加、市场化运营、实现养老保险补充功能的制度。个人养老金实行个人账户制，缴费完全由参加者个人承担，参加者自主选择购买符合规定的储蓄存款、理财产品、商业养老保险、公募基金等金融产品，实行完全积累，并按照国家有关规定享受税收优惠政策。

参加人群：我国境内参加城镇职工基本养老保险或者城乡居民基本养老保险的劳动者。注意，本书曾在前面提过，千万不能忽视第一支柱，要把基本养老保险缴存好，否则就参加不了第三支柱。

基金积累：实行个人账户制度，缴费完全由参加者个人承担，缴存的资金积少成多，未来全是你的。

缴存上限：参加者每年缴存个人养老金的上限为1.2万元。按照《国务院办公厅关于推动个人养老金发展的意见》，后续可根据经济社会发展水平和多层次、多支柱养老保险体系发展情况等，适时调整缴费上限。也就是说，以后你想多缴费，也是有可能的。

参加个人养老金，有啥好处？

第一大好处：强制储蓄。如果你想让退休生活在第一、第二支柱之外，有更多力量加持，让自己的生活更加富足、自由，那么第三支柱是一个比较理想的选择。个人养老金可以帮助我们强制储备养老金，为第一支柱、第二支柱养老金提供有力补充，保障我们在退休后可以多领取一份养老金。个人养老金政策是一项制度性养老金政策，需要等到退休后且满足一定条件才能领取个人养老金，等于帮我们做了一个长期的、可靠的养老财务规划。特别是对于"习惯性月光族"、缺少财务规划者而言，个人养老金是一个有用的储备工具。

举个例子：如果我们每年顶额存入1.2万元（不多吧？），持续30年，总共存入36万元，并在账户内进行金融产品投资，按照2022年末首批上线的养老理财业绩比较基准下限年化收益率5%来算，30年后可以累积获得83.7129万元的总领取额度（不少吧？），这对于退休人士来说，无疑是一份强有力的保障。

第二大好处：税收优惠。按照个人养老金政策，对缴费者按每年1.2万元的限额予以税前扣除；投资收益暂不征税；在领取环节，个人领取的个人养老金单独按照最低税档3%的税率计算缴纳个人所得税。

这里有一个很"香"的地方，那就是能享受个人所得税减免，收入越高，享受的减免就越多。现在我们每年都要进行上一年度个人所得税综合所得的年度汇算，如果你在个人养老金账户缴存了养老金，那么就能抵扣不少的个税。

这里再举一个例子：如果我的全年应纳税总额为20万元，每年顶额存入1.2万元个人养老金，按照个人所得税累进税率，超过14.4万元部分适用20%的税率档，1.2万元可抵扣0.24万元。如果我的全年应纳税总额超过了100万元，那么，我适用的税率档是45%，就能抵扣0.54万元。如果把这1.2万元视作一项投资，抵税的投资收益是相当可观的。像这么好的投资，不管在什么地方，都会像黑夜中的萤火虫一样令人瞩目。

这里多说两句。既然这个抵税政策会减少政府财政收入，为什么政府还要坚持这样做呢？这是因为这项政策能够鼓励居民积极参与第三支柱养老计划，长期来看，也可以有效减少政府的社会保障压力。

第三大好处：稳健投资。前面讲到，个人养老金账户内是能够进行金融投资的。参加人可在账户内选择购买养老储蓄、养老理财、专属养老保险、养老目标基金等金融产品。

由于"养老"这个特殊的属性，个人养老金账户的金融产品投资，又有三大优势。一是产品优质。这些产品都是金融机构精心设计、优中选优且经过监管机构层层把关的，收益率和安全性都有保障。二是费用低廉。从整个市场看，个人养老金账户内投资金融产品的各种申购费、管理费、托管费等，都被设置为"白菜价""地板价"，你如果遇到一折的申购费，也不要觉得奇怪。三是渠道优势。很多金融产品在其他渠道是买不到的，是个人养老金账户特供。

既然个人养老金有这么多优势，我该怎样参加呢？

第一步，找银行。参加个人养老金的第一步，就是找一家银行开设账户。你可能会问，遍地都是银行，还要找吗？当然要。由于每个人只能选择一家银行开设账户，各家银行都使尽了浑身解数，许以各种丰厚福利，千方百计地找客户。就像一个女生，只能找一个人结婚，但追求你的男生很多。每个男生都不一样，有的优秀，有的一般，有的甚至是"渣男"，女生需要擦亮眼睛精挑细选。每家银行其实也是不一样的，也要选。建议选择实力强、产品多、网点近和服务好的银行。特别是前面两条，实力强的银行相对靠谱，投资产品丰富与否关系到我们的投资收益。因此务必要慎重。

第二步，存钱。你可以在一个自然年度的任意一天，往你的账户存入养老金，也可以分批次存入。每年存入资金顶额为1.2万元，也可以存入低于1.2万元的金额。

第三步，投资。个人养老金账户的投资产品，有开户银行提供的养老储蓄，有银行下属理财公司提供的养老理财，也有保险公司提供的专属商业养老保险，还有基金公司提供的养老目标基金。这些产品虽然整体上比较优质，但在安全性、流动性和收益率等方面，还是存在一定差别的，例如收益方面，基金的收益最高，但在安全性方面，储蓄最佳。大家需要认真比较和权衡。从国家社会保险公共服务平台发布的信息来看，个人养老金专项产品包括理财、储蓄、保险、基金四类。截至目前，个人养老金专项产品有762款，其中储蓄产品465款，基金产品192款，保险产品82款，理财产品23款。

第四步，领取。领取个人养老金，要达到法定退休年龄，或者出国定居，或者死亡后被继承。领取的时候，可以按月、分次或者一次性领取。领取方式一旦确定，就不能更改。你在退休领取个人养老金的时候，这份资金将转入本人社保卡关联的银行账户中，和基本养老保险一并通过社保途径，到达你的手上。那个时候，一条更加从容、自由的人生之路，将在你的面前徐徐展开。

个人养老金是第三支柱的重要组成部分，在基本养老保险和年金的基础上再增加一份积累，唤醒大家"自我养老"的意识，把年轻时赚到的钱转移一部分在老年时使用，平滑一生的现金流，才能更好地满足养老需求。

截至2023年底，全国个人养老金账户累计开户数达5000万户，参与人数已达到2022年全国纳税人数的76.8%。但缴存人数仅占开户人数的22%，人均缴存金额仅为约2000元，远低于个人养老金账户1.2万元的缴存上限。

作为一项制度性养老举措，个人养老金具有强制储蓄的性质，对于希望借助制度约束形成长期投资习惯的群体来说，这是一个很好的储蓄方式。希望各位读者结合实际情况，积极参与个人养老金的缴存，充分享受个人养老金制度带来的福利。

第四章

个人养老金
的投资：
第三支柱的
丰富与深化

个人养老金账户里拥有丰富的投资产品，这些产品很多专属于个人养老金账户，可为开设账户、缴纳养老金的人们提供更多通过投资增厚养老金、提升养老生活品质的机会。

目前，个人养老金账户可以投资的产品有以下几种：一、养老储蓄（由开户银行提供）；二、养老理财（由银行下属的理财公司提供）；三、养老目标基金（由基金管理公司提供）；四、专属商业养老保险（由保险公司提供）。

截至2024年7月，可供投资者选择的个人养老金金融产品达766只。国家社会保险公共服务平台披露的产品目录显示，除了26只理财产品，储蓄类产品有465只，基金类产品有193只，保险类产品有82只。

下面，我们对个人养老金的投资品进行分析，大家可以结合自身实际情况进行投资。

一、养老储蓄：最安全可靠的养老保障

早年没有缴纳社保的人士，还有什么可以补充的养老储备，为自己的退休生活提供保障呢？

首先可以考虑养老储蓄。

2022年7月，银保监会和人民银行为持续推进养老金融改革工作，丰富第三支柱养老金融产品供给，进一步满足人民群众多样化养老需求，决定开展特定养老储蓄试点。

自2022年11月20日起，由工商银行、农业银行、中国银行和建设银行在合肥、广州、成都、西安和青岛开展特定养老储蓄试点。试点期限暂定一年。试点阶段，单家试点银行特定养老储蓄业务总规模限制在100亿元以内。目前已有深圳等其他城市申请开展相关试点工作。

试点银行严格遵循"存款自愿、取款自由、存款有息、为储户保密"的原则，公开、公平、公正开展业务。落实储蓄业务和个人账户管理相关要求，依法合规办理特定养老储蓄业务，不得违规吸收和虚假增加存款。

与传统的银行定期存款相比，养老储蓄有什么特点呢？

（1）更长期。目前银行的定期存款在期限上分为6种，分别是3个月、半年、1年、2年、3年、5年。而养老储蓄产品是为养老专门设计的，更偏向长期，有5年、10年、15年和20年4个期限，更加注重长期性和稳定性。它鼓励人们在年轻时就开始规划养老，通过长期的积累，为未来的养老生活打下坚实的经济基础。

（2）更灵活。养老储蓄通常采用整存整取、零存整取和整存零取等多种存取款方式，更加灵活多变。定期存款的存取款方式则相对单一，以整存整取为主。

（3）更高收益。在利率方面，养老储蓄也具有一定的优势。由于养老储蓄的长期性和稳定性，银行通常会给予相对较高的利率回报，以吸引更多的人参与。定期存款的利率则相对固定，且随着存期的增加，利率上升空间也相对有限。银行的利率是存期越长，利率越高。养老储蓄的存款期限从5年起，最长为20年，所以它的存款利率要比银行定期存款利率高。有专家预测，养老储蓄的存款利率大约与长期限的储蓄国债相当，或者略高于长期限的储蓄国债利率。

（4）更低风险。从风险角度来看，养老储蓄与定期存款存在一定的差异。养老储蓄更加注重资金的保值增值，因此在产品设计上会充分考虑风险控制，确保资金的安全性和稳定性。定期存款虽然风险较低，但因收益相对有限，一般难以抵御通货膨胀等风险。

（5）可抵税。与一般存款产品相比，特定养老储蓄具有税盾效应。作为养老第三支柱的重要补充，特定养老储蓄具有递延税缴和低税率的双重功能，即其在当期能够帮助居民抵扣个人所得税，在领取养老金时再补缴3%的相对较低的税费，且在缴费环节、资金运用环节免税。

养老储蓄的出现，不仅为人们提供了更多的养老选择，也更好地满足了年轻人、中年人、老年人等不同人群的需求。

随着经济的发展和社会的进步，人们越来越注重长期投资和价值投资，希望通过合理的资产配置，实现财富的稳健增值。养老储蓄正好契合了人们的投资理念，鼓励市民进行长期、稳定的投资，实现财富的增值。

某大行发布的特定养老储蓄产品协议显示，特定养老储蓄产品是银行经监管部门批准，与参与储蓄的人员，按照约定存款期限、计息规则、结息方式、支取条件等约定条件支取本息的一种养老储蓄产品。其中以下几点信息值得关注。

第一，购买资格。年满35岁、拥有试点城市户口的居民，可以购买特定养老储蓄，限银行柜台办理，购买金额有上限，合计不超过50万元。

第二，利率略高于定期存款。特定养老储蓄首五年的年利率约为3.5%~4%，不同期限、不同银行、不同城市，利率略有差异，总体略高于大型银行五年期定期存款利率。特定养老储蓄的利率并非固定不变，银行每五年可调整一次利率——这是特定养老储蓄的一大优点。现在很多国家的利率已经为负数，相比之下，这种特定养老储蓄具有很大优势。

第三，购买人年龄+产品期限≥55。即购买特定养老储蓄不同期限的产品，有不同的年龄限制。比如，20年期限产品，须年满35岁才可购买，以此类推，5年期限的产品，须年满50岁才可购买。

第四，购买人可购买与其年龄相匹配的特定养老储蓄产品，原则上购买人年满55周岁方可到期支取。

第五，提前支取会损失收益。特定养老储蓄可以提前支取，但提前支取会损失收益。特定养老储蓄产品每5年为一个计息周期，同一个计息周期内利率水平保持不变。在新的计息周期开始时，银行可根据市场利率变化等因素，对产品利率进行调整并按照调整后的利率计息。产品利率调整将通过银行营业网点、门户网站进行公告。如购买人不同意利率调整，可办理产品提前支取。特定养老储蓄产品可办理提前支取，整存整取储蓄产品可以部分提前支取，也可全部提前支取；整存零取、零存整取储蓄产品只能全部提前支取。提前支取的部分按照提前支取规则计付利息，未提前支取的部分按原产品利率计息。

特定养老储蓄针对性强，主要用于养老储备。与现行存款相比，特定养老储蓄期限相对更长，收益率较高，并且享受税收递延优惠。

虽然养老储蓄有很多优势，但是更适用于较长时间没有资金需求的群体，以及手中有大量资金的群体。如果对资金流动性有要求，还是选择普通的储蓄或者其他理财方式更为稳妥。

二、养老理财：稳健且有更大收益空间的银行理财

2021年8月，银保监会发布《关于开展养老理财产品试点的通知》（简称《通知》）指出，试点工作有利于丰富第三支柱养老金融产品供给，培育投资者"长期投资长期收益、价值投资创造价值、审慎投资合理回报"理念，满足人民群众多样化养老需求。《通知》要求四家试点机构稳妥有序开展试点，做好产品设计、风险管理、销售管理、信息披露和投资者保护等工作，保障养老理财产品稳健运行。同时，坚持正本清源，持续清理名不符实的"养老"字样理财产品，维护养老金融市场良好秩序。

首批试点的四家机构的四只产品的投资起点都是1元，最高投资额300万元，投资期限都是5年，主要投资于固定收益类产品，并引入多种手段增强对风险的抵御能力。根据银保监会要求，养老理财产品的资金投向主要是符合国家战略和产业政策的领域。

　　我国养老理财产品从试点以来，有何特点和效果？

　　（1）发展快。截至2023年末，获得试点资格的11家理财公司共发行51只养老理财产品，募集资金1005亿元，投资者46.7万人次。其中38只产品为固定收益类产品，13只为混合类产品，多数产品业绩比较基准在5%～8%。

　　（2）风险低。从产品风险等级来看，养老理财产品主要为中低风险的固收类理财，风险等级为R2的固收类理财产品有38只，占养老理财产品数量的75%。各机构均设立了风险保障机制，通常包括收益平滑基金、风险准备金和预期信用损失减值准备，其中收益平滑基金为养老理财产品特有。

　　养老理财产品比较稳健，得益于收益平滑基金。大致的运行机制是：首先按照产品管理费收入的一定比例计提风险准备金，然后另外将一定比例的超额收益部分纳入收益平滑基金，来应对产品出现风险准备金无法覆盖亏损的情况。

（3）费率低。从费率水平来看，银行养老理财产品有一定优势。根据招商证券研报数据，51只养老理财产品的平均管理费率和托管费率分别为0.08%和0.02%。

（4）回报稳定。2022年，在全球流动性趋紧、宏观经济走弱、通胀预期加剧及新冠疫情肆虐的背景下，首批四只试点养老理财产品均获得正收益。2023年，50只养老理财产品平均收益率为3.2%，且所有产品均取得正收益。业绩水平上，养老理财产品整体表现稳健，无破净情况。

个人养老金理财产品

个人养老金理财产品，是指符合金融监管机构相关监管规定，由符合条件的理财公司发行的可供资金账户投资的公募理财产品。与名称上带有"养老"字样的养老理财产品不同，个人养老金理财产品名称无"养老"字样。

2023 年 2 月 10 日，中国理财网发布首批个人养老金理财产品名单，首先发售的是工银理财、农银理财和中邮理财的 7 只产品。此后的 2 月 24 日及 9 月 20 日，中国理财网陆续发布第二批和第三批个人养老金理财产品名单。

2024 年 7 月，农银理财、中银理财、中邮理财各新增 1 只个人养老金理财产品，这是自 2023 年 2 月首批个人养老金理财产品推出以来的第五批产品，至此，个人养老金理财产品总数达到 26 只。数据显示，截至 2023 年 12 月 22 日第四次产品扩容，投资者累计购买产品金额仅为 12 亿元。而到 2024 年 7 月，投资者累计购买金额超过 47 亿元，仅 7 个月时间，个人养老金理财产品投资规模增长近 3 倍。这主要得益于个人养老金理财产品兼顾了普惠性和收益稳定性，符合养老理财客群投资偏好，受到了广大投资者的认可。

在普惠性方面，个人养老金理财产品的起购门槛较低，认购起点金额仅为 1 元；同时，通过降费让利于投资者，其管理费率和销售手续费率平均为万分之五左右，远低于同类理财产品千分之二左右的费率水平。

在收益稳定性方面，个人养老金理财产品的收益相对稳定。2023年个人养老金理财产品加权平均年化收益率约为3%，23只产品中无一只产品发生亏损。

经测算，对于在10年后将要退休的投资者，如果每年全额投资个人养老金理财产品，则在10年后可以获得最高42%的节税收益和15%至25%的投资收益，相关收益确定性高。

目前，个人养老金理财产品投资的基础资产同多数普通理财产品一样，以货币市场工具、债券、股票等标准化资产为主，"养老"特点在资产端体现不明显。

三、养老目标基金：细水长流的养老保障

2018年，中国证券会公布《养老目标证券投资基金指引（试行）》（简称《指引》），意味着国家政策支持的养老目标基金走上历史舞台。

该《指引》提到，养老目标基金，是指以追求养老资

产的长期稳健增值为目的，鼓励投资人长期持有，采用成熟的资产配置策略，合理控制投资组合波动风险的公开募集证券投资基金。养老目标基金应当采用基金中基金（FOF，Fund Of Funds）形式或证监会认可的其他形式运作。

基金中基金，是一种专门投资于其他投资基金的基金。该基金并不直接投资股票或债券，其投资范围仅限于其他基金，通过持有其他基金（子基金），而间接持有股票、债券等证券资产。

根据该《指引》，养老目标基金有以下三个关键点。

首先，长期。鼓励长期持有、长期投资，更重要的是长期考核。养老目标基金应当采用成熟稳健的资产配置策略，以控制基金下行风险，追求基金长期稳健增值。

其次，目标。通常来说，养老目标基金可分为养老目标日期FOF和养老目标风险FOF。

养老目标日期FOF，以投资者退休日期为目标，根据投资者所处不同生命阶段自动匹配风险水平，随着退休日期临近，逐步降低风险相对较高的权益类资产的配置比例，增加风险较低的非权益类资产的配置比例。

养老目标风险FOF，在基金产品名称中不带有具体年份，而是带有体现风险等级的字样，如稳健、均衡、积极等。投资者要根据不同风险偏好选择对应的基金产品。

最后，多元资产配置。按照监管要求，首批养老目标基金均须采用FOF形式运行，从而达到分散风险的目的。要求优选子基金，通过子基金投资运作带来收益。以资产配置为核心，锚定大类资产的配置范围及比例。基金产品种类丰富，投资策略多元，可以满足投资者多样化的养老投资需求。

养老目标基金可以设置优惠的基金费率，并通过差异化费率，鼓励投资者长期持有。

美国养老资金投资的历史表明，投资者往往由于缺乏专业知识、产品太多难以抉择等，导致养老金配置不合理，投资收益不尽如人意。在此背景下，养老目标日期FOF、养老目标风险FOF等一站式解决方案应运而生，受到养老资金投资者和其他投资者的普遍欢迎。

截至2023年末，我国养老目标基金存续数量上涨至268只，但整体产品规模下降至706亿元。其中，养老目标风险FOF和养老目标日期FOF分别为145只和123只，规模分别约为490亿元和216亿元，养老目标风险FOF占比69.4%。

养老目标基金主要投资标的为公募基金，占比高达87.8%。根据统计，2023年196只养老目标基金平均收益率为−5.11%，其中180只为负收益，远低于2023年养老理财超过3%的平均收益。

根据Choice资讯的统计数据，截至2024年7月4日，带有Y类基金份额的养老目标基金共有194只，其中179只成立于2024年之前。从这些产品的业绩表现来看，成立以来，只有47只取得了正收益，占比不足四分之一。

很多买入养老目标基金Y类基金份额产品的投资者，确实是在为养老做准备。

Y 类基金份额，是基金产品针对个人养老金基金投资业务单独设立的一类基金份额。个人投资者通过个人养老金资金账户申购 Y 类基金份额。Y 类基金份额独立计算净值，还可以享有综合费率优惠。可以将收益分配方式默认为红利再投资，以鼓励投资者在个人养老金账户做长期投资。

但对于一些投资者来说，更多是看重税收优惠政策才买入的。根据政策规定，个人养老金资金账户的缴费，按照 12000 元/年的限额标准，在综合所得或经营所得中扣除；在投资环节，计入个人养老金资金账户的投资收益暂不征收个人所得税。

因此，对于大部分投资者来说，一定要考虑清楚，到底是所享受的税收优惠金额更重要，还是所买入基金的盈利性更重要，对此做出明智的选择。

四、专属商业养老保险：为老年幸福生活加把锁

专属商业养老保险是指资金长期锁定用于养老保障目

的，被保险人领取养老金年龄应当达到法定退休年龄或年满60周岁的个人养老年金保险产品。

商业养老保险，对于社会而言，有利于丰富第三支柱养老保险产品供给，巩固多层次、多支柱养老保险体系；对于个人而言，可以实现养老资金的稳健增值和终身领取，有效提高养老保障水平，满足多样化养老保障需求。

2021年6月1日起，银保监会在浙江省（含宁波市）和重庆市开展专属商业养老保险试点。2022年，《中国银保监会办公厅关于开展养老保险公司商业养老金业务试点的通知》发布，决定自2023年1月1日起开展养老保险公司商业养老金业务试点，试点期限暂定一年。

2023年，《国家金融监管总局关于促进专属商业养老保险发展有关事项的通知》指出，为推动第三支柱养老保险持续规范发展，更好满足广大人民群众多样化养老需求，根据《中华人民共和国保险法》以及相关法律法规规定，经国家金融监督管理总局研究决定，符合条件的人身保险公司可以经营专属商业养老保险。

专属商业养老保险产品采取账户式管理，可以采取包括趸缴（投保时一次缴清全部保费）、期缴（允许投保人分期支付保费）、灵活缴费在内的多种保费缴纳方式。

保险公司应当提供定期、终身等多种养老金领取方式。养老金领取安排可衔接养老、护理等服务，但应当另行签订相关服务合同。

专属商业养老保险的保险责任包括身故责任、年金领取责任，保险公司可以适当方式提供重大疾病、护理、意外等其他保险责任。

近年，保险市场上养老类产品蓬勃发展，截至2024年2月底，市场上共125款保险产品纳入了行业《个人养老金保险产品名单》。

目前，保险市场上常见的商业养老保险产品大致可分为近年来国家政策支持型的专属商业养老保险和一般商业养老年金保险两种类型。

专属商业养老保险投保简便、缴费灵活、收益稳健，聚焦新业态从业人员和灵活就业人员养老需求，取得良好成效。其特点以养老保障为目的，60周岁及以上方可领取养老金，领取期限不短于10年。

专属商业养老保险具有以下特点。

（1）保险责任范围更广。包括身故责任、年金领取责任，保险公司可以适当方式提供重大疾病、护理、意外等其他保险责任。

（2）投保门槛低，缴费方式灵活。

（3）设置积累期和领取期。积累期即缴费期。在积累期采取"保证+浮动"的收益模式。积累期缴纳的保费扣掉一部分初始费用（最多不超过5%，目前多数公司免收，实际以合同记载为准）后全部进入个人账户。

（4）产品设置有两个账户可转换。专属商业养老保险为每个投保人设置稳健型账户和进取型账户，适合不同风险偏好的消费者。在积累期，投保人可以每年申请进行一次账户转换，转换权益以合同记载为准。两个账户，对应不同收益率，且都有保底收益，投保人可对两个账户之间的资金比例进行自由切换。

（5）产品风格突出安全性。养老保险产品追求安全性及稳定性，相对养老理财和养老基金，对资产现金流有更高要求，且保单可抵押，为持有人提供应急支持，重点突出"保"的属性。

以个人养老金账户内的12只专属商业养老保险为例，均为保底+浮动收益型产品，稳健型投资组合的保证利率为2%~3%，进取型投资组合的保证利率为0%~1%。

从实际结算利率来看，2023年12只产品的稳健型投资组合的平均结算利率为3.55%，进取型投资组合的平均结算利率为3.75%，均保持了相对较高的水平。

专属商业养老保险和一般商业养老年金保险有什么不同呢?

（1）保险责任不同。

一般商业养老年金保险：通常包括年金领取责任、身故责任。

专属商业养老保险：所有产品都包括身故责任、年金领取责任，根据试点保险公司不同产品，还提供重大疾病、护理、意外等其他保险责任。

（2）缴费规则不同。

一般商业养老年金保险：投保时确定趸交或年交的缴费方式及缴费金额，一般不得变更，最低起投缴费金额较高。

专属商业养老保险：投保时确定趸缴、年缴、月缴的缴费方式，缴费灵活，最低起投金额低至100元。如出现断缴，保单继续有效。缴费金额可以根据投保人收入情况自由调整，特别适合收入不固定的灵活就业人员，最低追加金额低至1元。

（3）领取规则不同。

一般商业养老年金保险：被保险人年满国家规定的退休年龄后可领取养老年金，大部分产品可终身领取。

专属商业养老保险：被保险人年满60周岁方可领取养老年金，可选择定期领取、终身领取。

（4）退保规则不同。

一般商业养老年金保险：投保人在犹豫期内要求退保，无息退还已缴保险费。在犹豫期后退保，按照约定向投保人退还退保时的保单现金价值。

专属商业养老保险：投保人在犹豫期内要求退保，无息退还已缴保险费。在犹豫期后退保，按照约定向投保人退还退保时的保单现金价值。在积累期退保，按约定比例退还保单现金价值。进入领取期后，投保人不能申请退保。被保险人罹患中国保险行业协会颁布的《重大疾病保险的疾病定义使用规范（2020年修订版）》中定义的重大疾病，或遭遇意外且伤残程度达到人身伤残保险评定标准1~3级的，可以申请特殊退保。

第五章

升级养老：
以市场手段
护航养老

一、买点保险，保卫未来

老了，最怕哪两个字？"贫"与"病"。

基本生活保障方面，如果参加了基本养老保险，另加些许积蓄，如果没有重大支出，不追求高消费，即使不会"富"，但也不至于"贫"，仅维持基本生活，一般问题不大。

但是，如果不幸患病，特别是一些严重的肿瘤疾病，或者是遭遇一些意外，那么退休的支出就可能会是一个无底洞，有可能掏空你所有的财富，甚至拖累整个家庭。

很多人在老年出现经济问题，甚至破产，大多是大病医疗支出造成的，这将直接影响晚年生活。

疾病，作为老年生活的最大隐患之一，要尽可能地将其风险转移给保险，通过保险来应对疾病、飞来横祸等带来的经济负担。虽然参加职工基本医疗保险的个人，达到法定退休年龄时累计缴费达到国家规定年限的，退休后不再缴纳基本医疗保险费，按照国家规定享受基本医疗保险待遇。但是，医保报销也有很多局限性。例如，报销药品、医疗设备、医疗服务等有一定限制，报销比例受报销金额、医院类型、医保类型、在职与否的影响，还有起付线和封顶线的限制。所以，买点保险，就是保卫未来。

以下五类重要的保险品种，是保障我们养老生活的强大盾牌。

（一）重疾险

重疾险又称重大疾病保险，是一种在被保险人确诊为合同约定的重大疾病时，保险公司按照约定的保险金额，向被保险人支付保险金的保险产品。购置重疾险是为了在遭遇严重疾病时得到经济支持，从而减轻疾病所带来的经济负担。

如果被保险人罹患重疾，保险公司会一次性赔付保额。这笔钱可以自由支配，可用于支付医疗费用、进行康复疗养等。

购买重疾险，在选择合适的方案时需要综合考虑多个因素。

明确需求与预算

要根据自身和家庭的健康保障需求来确定所购买重疾险的保额。考虑到重大疾病治疗费用高昂、康复期长，可能导致收入损失，保额应足以覆盖医疗支出及一段时间内的生活费用。通常建议保额为年收入的3到5倍或更高，如30万元至50万元左右。

选择适合的保障期限

重疾险按保障期限分为定期重疾险和终身重疾险。定期重疾险在一定期限内（如20年或至60岁）提供保障，保费相对较低，适合预算有限且侧重短期风险转移的家庭。终身重疾险则提供终身保障，保费较高但有长期稳定的保障。

如果我们需要保障退休后的养老生活，建议投保终身重疾险。

全面覆盖常见病种

在挑选重疾险产品时，应注意是否覆盖高发的重大疾病和轻症。随着保险行业对重疾定义的标准化改革，当前各家公司的重疾险都会基本覆盖重大疾病种类。在实际选择时，需对比不同产品针对疾病的定义，尤其是理赔条件，要选择定义宽松、赔付标准合理的保险产品。

合理配置赔付次数

重疾险有两种赔付模式，单次赔付和多次赔付。

单次赔付，即被保险人一旦出现合同约定的重大疾病并获得赔偿后，保险责任终止。

多次赔付，可针对不同组别的重大疾病进行多次赔偿。多次赔付虽提供更多保障，但也可能需要更高的保费。因此，应结合自身家族病史和个人健康状况进行权衡。

经济实力与缴费方式

购买保险要考虑自身经济实力，确保有能力持续支付保费，避免因保费过高影响日常生活。

消费型重疾险通常保费较低，只保障风险而不返还保费。一般是按年投保，不需要每年固定缴费，随着年龄的增大健康风险增大，保费会呈递增的趋势。投保灵活，可以中断几年之后再投保，不会给投保人带来过多经济负担。

储蓄型或返还型重疾险具有现金价值，在满期或身故时可以退还部分或全部已缴保费。需要固定缴费满一定年数，中间不能断，否则会产生较大的退保损失。费用较高，缴满之后就可以不再续保，参保人可以在指定保险期限内一直享受保障。

增值服务和豁免条款

有些重疾险产品会提供额外的增值服务，比如绿色通道就医、二次诊疗意见等，这些是"加分项"。同时关注投保人和被保险人的保费豁免条款，即若不幸罹患特定疾病或遭遇意外，剩余未缴保费能否得到豁免。

重疾险产品往往会有一些可以选择附加的保障责任。例如针对某些高发或严重疾病，如癌症、心脏病等特定疾病的附加保障，保险公司会提供额外的保险金给付。但要注意，附加保障责任通常会相应地增加保费，因此在选择时应权衡保障程度与保费支出。

还有一种防癌险，可以简单理解为只保障癌症的重疾险，对投保人的身体条件要求较低，价格也相对便宜，更容易被投保人接受。

综上所述，购买重疾险时要充分了解自己的需求、财务状况，并在此基础上细致研究市场上的各类产品，做出既能满足保障需求又符合自身经济承受能力的选择。同时，要保持对保险市场的敏感度，适时调整和完善自己的保险计划，以适应不断变化的生活环境和健康风险。

（二）百万医疗险

百万医疗险是指保险公司为保障被保险人在发生意外或疾病时所产生的医疗费用而提供的一种保险产品。其保额通常为百万级别，可以覆盖大部分医疗费用，为被保险人提供全面的医疗保障。

百万医疗险为报销型保险，作为社会医疗保险的补充，最大限度地覆盖了社保无法报销的范围，除了有1万元的免赔额，免赔额以上合理的医疗费用基本都能通过百万医疗险报销而且无社保限制。以30岁的成年男性为例，一年只需花费两三百元就能拥有上百万元的保额，可以说百万医疗险是杠杆较高的一款保险产品。在所有保险产品中，百万医疗险一直都有"杠杆率Top 1保险"之称。

百万医疗险，可以覆盖被保险人因疾病、意外导致住院所产生的多项医疗费用。住院后，社保报销完之后剩下的部分，就可以交给百万医疗险。百万医疗险的报销额度通常高达一两百万元，如果被保险人因重大疾病住院，保额直接翻倍，几乎不用担心医疗费用问题。

在价格方面，百万医疗险相对比较便宜。几百万元保额的保障，年轻人一年只需要缴纳两百元左右的保费，平均每天不到一元。

近几年，百万医疗险成为现象级产品，人人都用得着，人人都买得起。

目前，百万医疗险的投保渠道非常多，线下一般是保险公司代理人推荐，线上一般是各大保险经纪平台或保险公司公众号、官网查询。不管通过哪个渠道投保，最终都是和产品背后的保险公司签订合同，在理赔和安全性上无须过多担心。

重疾险和百万医疗险作为两个不同的险种，针对的问题不同，自然有很多区别，具体表现为以下几点。

（1）赔付方式不同。

百万医疗险是报销型保险，可以报销手术费、住院费及社保报不了的靶向药、特效药等，实报实销，即使多买几份保险，也只能报销一次。

重疾险属于给付型保险，出险后会一次性赔付约定保额，这笔钱可以用作因重疾而产生的损失补偿，和实际医药费无关。这种保险可以结合个人实际情况多买几份，多买一份就能增加一份保额，一旦出险，可以多份赔。

（2）保障范围不同。

百万医疗险的保障范围比较广，对疾病种类没有限制，只要是合理且必要的住院、特殊门急诊医疗费用，就可以申请报销。

重疾险的保障范围是限定好的，是条款约定好的重疾、轻症/中症疾病，对种类也有限制，被保险人确诊对应的疾病后，就可以获得赔偿金。不过每款重疾险都必须涵盖最高发的28种重大疾病，只要是常见的重疾，基本都可以理赔。

（3）保费不同。

百万医疗险的保费随着年龄的增长而上涨，可能30岁的人一年的保费只要几百元，50多岁之后的保费就要上千元。

重疾险年缴保费比较高，一年差不多要几千元，但每年保费都是相同的，保额可以结合自己的预算和需求来决定。

两者相同的一点，都是年龄越大，保费越贵。

很多人认为重疾险和百万医疗险相比，不仅价格贵了几倍，保额还不高，有了百万医疗险，还需要买重疾险吗？

举个例子，45岁的张先生不幸患癌，治疗了2年，花了30多万元。原来家里全靠他一个人赚钱，平日里张先生的年薪为10万元左右，患病后家庭收入完全断了来源，如今房贷也快还不上了，家人已经做好卖房的准备。

如果再治疗3年，按张先生的情况至少要在医疗费、营养费、护工费和工作上损失约100万元。

百万医疗险负担了医疗部分的费用，那剩下的生活开销、房贷车贷、孩子教育费用，该如何解决？

在这里，重疾险就能派上用场了。重疾险作为给付型保险，一次性给付约定保额，有了这笔钱，就能很好地避免家庭陷入"因病返贫"的窘状。如果张先生购买了保额为50万元或者100万元的重疾险，那么全家的生活将会得到很大的保障。

虽然百万医疗险和重疾险都是健康保障，但两者作用完全不同，只买其中一种是不均衡的。如果预算有限，可以优先买百万医疗险，后续再补充重疾险。

如果具备条件，建议及时把两者都配上，毕竟现在的重疾发生人群呈现年轻化趋势。理赔大数据显示，重疾险出险高发年龄段集中在31至50岁。

（三）寿险

很多人对寿险存在一些误解，认为它跟死亡相关，很不吉利。其实寿险是最有温情的保险，它代表着人们对孩子、妻子、丈夫、父母的爱与责任。

寿险，其实可以简单地理解为"死了才能赔"的保险，它对身故和全残事件进行保障。但是人死后才能赔钱，那它有什么意义呢？

身上背着房贷车贷，上有父亲母亲，下有嗷嗷待哺的娃，加上"996"的工作常态，这是许多中年人生活的真实写照。如果有一天，一个这样的中年人不幸发生了意外，那他的父母养老、子女教育、债务等谁来负责？

这就是寿险的意义所在：替我们转移早逝风险，一旦家庭经济支柱不幸身故，不至于让家庭陷入贫困，不必让家人除了要承受失去亲人的痛苦，还要替身故之人承担巨大的责任。

寿险的种类有哪些呢？市面上的寿险主要有三种：1年期寿险，定期寿险，终身寿险。不同的寿险，保障不同，功能有所差异，适用人群也有所不同。

（1）1年期寿险：只保1年，保费便宜。1年期寿险保费非常便宜，1年保费一般只要几百元，缴1年保1年，但是1年后续保需要健康告知，如果产品停售或者健康告知不过关，那就可能买不了了。1年期寿险适合预算不是很充足的年轻人，可以作为一种临时保障。

（2）定期寿险：保一段时间，性价比高。定期寿险只保一段时间，一般为10年、20年或者保到60岁，等等，它的价格不贵，一般只要几百元到一千元左右就能拥有很高的保额。相比1年期寿险和终身寿险，定期寿险的健康告知更宽松，性价比更高。定期寿险非常适合普通的工薪一族或者普通家庭的经济支柱，用作人生重要阶段的保障。

（3）终身寿险：保终身，价格贵。终身寿险是保终身的，它的价格比较贵，杠杆较低。终身寿险除了保障终身，其实更多的是用以财富传承，所以它更适合企业家们。

总的来说，1年期寿险适合手里没钱的年轻人作为临时保障，定期寿险适合大部分普通家庭作为重要阶段的保障，终身寿险则适合有财富传承需求的人。

（四）意外险

意外险就是能够保障意外事故的保险险种。在保险条款中，"意外"有专门的定义：非本意的、外来的、突然的、非疾病的事故。比如交通事故、台风海啸、猫抓狗咬、触电溺水、摔伤骨折、烧伤烫伤等，都在意外险的保障范围内。

意外险的基础保障责任主要有三项：意外身故、意外伤残及意外医疗。

（1）意外身故。若被保险人因意外事故身故，保险公司会赔付身故保险金。一般是直接赔付基本保额，有的还有额外赔付。

（2）意外伤残。若被保险人因意外事故导致身体伤残，保险公司将根据伤残等级赔付伤残保险金。一般是分等级按比例进行赔付，比如10级伤残赔付10%基本保额，

9级伤残赔付20%基本保额，以此类推，因意外导致1级伤残赔付100%基本保额。

（3）意外医疗。若被保险人因意外伤害产生医疗费用，保险公司会对医疗费用进行报销。当然，会有报销额度限制，比如最高报销2万元或5万元；有的还设置了免赔额，一般是100元免赔额或0免赔额。

有的产品还会有一些特色保障，比如猝死保障、住院津贴、交通意外额外保障等，详细内容要根据具体产品具体分析。

不同年龄阶段面临的意外风险不一样，挑选意外险的侧重点也各不相同。

在保额方面，身故保额一定要充足，成年人最好买到100万元，经济条件允许的话可以再买高一点。要考虑这笔钱能否覆盖家庭债务、未来5—10年的生活开支、子女教育费用及赡养父母费用。家庭经济支柱承担着主要的家庭责任，身故保额一定要买够。

在免赔额方面，免赔额指的是意外医疗保障的免赔额度。一般意外险免赔额为100~200元，优质意外险能做到0免赔额。因此在保障差不多的情况下，建议优先选择0免赔额的意外险。

在保障责任方面，基础保障都要包含，意外身故、意外伤残及意外医疗保障这三项是必须要有的。

在保障时间方面，建议选择一年期综合意外险，不建议买长期意外险。意外险健康告知条件非常宽松，无须担心因为年龄或身体健康问题无法投保。并且每年都有很多新的保障更完善的意外险产品上市，可以随意挑选，想买就买，想停就停，非常自由。

综上所述，关于商业保险的配置，有以下几个建议。

重疾险：有预算的情况下，建议购买。50岁前，保费相对较低，可以优先考虑重疾险。50岁之后，重疾险的价格变得较高，可以考虑投保防癌险，来转移高发的癌症风险。

百万医疗险：能买尽量买，如果预算有限，可以考虑购买惠民保。百万医疗险是用于报销大额医药费的保障，对投保人的身体健康条件要求往往比较高。如果因为身体原因无法投保，可以退而求其次，选择投保条件宽松的"惠民保"。"惠民保"属于城市定制型商业医疗保险，它是由地方政府和行业主管部门共同指导，保险公司商业化运作，与基本医保衔接的一种补充医疗保险。相比其他商业保险，"惠民保"具有广覆盖、低保费、高保额的特点，因此被称为"惠民保"。"惠民保"不设置年龄、健康状况、既往病史、职业类型等条件，更能满足地域性的医疗保障需求。

寿险：对于家庭的经济支柱，特别是那些承担较多家庭责任的人，购买寿险是一种有效的风险管理和财务保障措施。定期寿险适合预算有限的人群，终身寿险适合希望为家人留下遗产或长期保障的人群。

意外险：建议配置。意外险价格不贵，而且基本不受健康状况影响，有必要给自己及父母配置。

（五）长期护理险

"如果有一天，我老无所依，请把我留在，在那时光里。"

这首歌，唱出了迟暮之年的淡淡忧伤。

我们每个人都应该想想，年迈后的自己该如何应对卧病在床的日子。"久病床前无孝子"，虽然说得绝对，却也道出了一些事实：在失去生活自理能力之后，可能给家人带来许多意想不到、难以承受的困难和压力。

那么，有没有办法转移这个风险呢？有，那就是长期护理险。

长期护理险被称为社保"第六险"，是一种为长期处于完全失能或半失能状态的参保人员，提供基本生活照料和与之密切相关的医疗护理服务的社会保险制度。

2016年，《关于开展长期护理保险制度试点的指导意见》印发，提出开展长期护理保险制度试点工作的原则性要求，明确河北省承德市、吉林省长春市、黑龙江省齐齐哈尔市等15个城市作为长期护理保险试点城市，标志着国家层面推进全民护理保险制度建设与发展的启动。

文件指出，长期护理保险以长期处于失能状态的参保人群为保障对象，重点解决重度失能人员基本生活照料和与基本生活密切相关的医疗护理等所需费用。

长期护理保险基金按比例支付给护理服务机构和护理人员为参保人提供的符合规定的护理服务所发生的费用。根据护理等级、服务提供方式等制定差别化的待遇保障政策，对符合规定的长期护理费用，基金支付水平总体上控制在70%左右。

试点阶段，可通过优化职工医保统账结构、划转职工医保统筹基金结余、调剂职工医保费率等途径筹集资金，并逐步探索建立互助共济、责任共担的长期护理保险多渠道筹资机制。筹资标准根据当地经济发展水平、护理需求、护理服务成本以及保障范围和水平等因素，按照以收定支、收支平衡、略有结余的原则合理确定。

2024年9月10日，国家医疗保障局局长章轲表示，我国稳步推进长期护理保险制度试点，已经覆盖49个城市、1.8亿人。国家医保局统计数据显示，截至2023年6月底，长期护理保险累计支出基金约650亿元，年人均减负约1.4万元。

长期护理保险制度对于应对人口老龄化意义重大。

我们以北京市石景山区长期护理保险制度的试行为例进行说明。

2020年9月，国家医保局、财政部公布第二批长期护理保险制度试点地区，石景山区成为北京市唯一的试点地区。以下是石景山区的试点方案相关情况。

长期护理保险参保对象

石景山区范围内参加城镇职工基本医疗保险和城乡居民基本医疗保险的人员（暂不含学生、儿童）。

这里要注意，一定要是参加了基本医疗保险的人员。

保障范围

因年老、疾病、伤残等原因，经医疗机构规范诊疗，失能状态持续6个月以上，经申请通过评估认定的重度失能人员，可按规定享受长期护理保险待遇。

注意，这里有几个点，一个是经过治疗依然处于失能状态，简单来说就是"没治好"；一个是要经过评估认定的重度失能人员，简单来说就是"要评估"。

筹资标准及方式

扩大试点阶段，筹资标准暂定为180元/人/年。每年10月—12月为集中参保期，缴纳下一年度的长期护理保险费。每年1月—9月为零散参保期，缴纳当年度的长期护理保险费。零散参保期，供在集中参保期未扣款成功的参保人员和首次参保的参保人员办理缴费。

城镇职工长期护理保险费按年缴纳，由单位和个人共同分担。城镇职工单位缴费部分（90元/人/年）由职工基本医疗保险统筹基金划转，个人缴费部分（90元/人/年）由职工基本医疗保险个人账户一次性代扣代缴。灵活就业人员个人缴费部分（90元/人/年）由个人按年度缴纳。

城乡居民长期护理保险费按年缴纳，由财政和个人共同分担。城乡居民财政缴费部分（90元/人/年）由政府财政补助划转，个人缴费部分（90元/人/年）由个人按年度缴纳。符合城乡居民基本医疗保险个人缴费财政全额补助条件的人员，其参加长期护理保险个人缴费部分由财政全额补助。

失能评估

石景区民政局负责组织评估机构对申请享受长期护理保险待遇人员进行失能等级的初评、复评。评估机构按照有关工作指引开展失能评估工作，结合《北京市石景山区扩大长期护理保险制度试点失能评估量表》量化打分，总分低于40分（含）的评估为重度失能。评估机构自受理申请之日起,5个工作日内完成上门评估，并出具评估结论书。

服务方式及内容

长期护理保险服务分为机构护理、机构上门护理和居家护理三种方式，提供机构、社区和居家护理服务保障。

机构护理，是指在养老服务机构等各类定点协议管理的护理服务机构内接受护理。

机构上门护理，是指护理服务机构安排护理人员以上门的形式进行护理。

居家护理，是指由家政护理员（或亲属）和护理服务机构进行上门形式的护理。

鼓励养老驿站、养老照料中心、护理站等社区护理服务机构提供机构护理和机构上门护理服务。

长期护理保险待遇，主要以护理服务保障的形式提供，其主要内容包括：清洁照料、饮食照料、排泄照料、卧位与安全照料、病情观察、康复护理等日常基本生活护理和与日常基本生活密切相关的医疗护理。

护理服务机构根据重度失能人员的身体实际状况，开展护理需求评估，协商确定适合的服务内容。

支付标准

（1）在护理服务机构享受符合规定的护理服务，每天支付标准为90元，其中基金支付70%，个人支付30%。

（2）由护理服务机构提供符合规定的机构上门护理服务，每小时支付标准为90元，其中基金支付80%，个人支付20%，每月支付上限为30小时。

（3）居家护理中由家政护理员（或亲属）提供符合规定的居家护理服务，每小时支付标准为60元，其中基金支付70%，个人支付30%，每月支付上限为30小时；护理服务机构安排护理人员每月上门服务12小时，每小时支付标准为90元，其中基金支付80%，个人支付20%。

注意，在长期护理保险的运作中，个人支付部分通常通过商保经办机构进行代扣代缴。这种做法简化了缴费流程，使参保人无须直接与多个机构或部门进行交互，从而提高了缴费的效率和便利性。

具体到操作层面，商保经办机构会根据参保人的工资收入或其他相关信息，从其个人账户中直接扣除长期护理保险的个人缴费部分。这种做法不仅减轻了参保人的操作负担，也确保了缴费的准确性和及时性。

此外，商保经办机构的代扣代缴服务还包括对长期护理保险费的代扣，进一步简化了缴费流程，使参保人能够更加便捷地完成缴费。

从石景山区的长护险试行情况看，这项保险制度对因年老、疾病、伤残等导致长期丧失自理能力、达到一定护理需求等级的参保职工的保障作用是显著的，大大减轻了家庭护理和资金负担，解决了痛点问题，是一项科学、合理、人性化的制度安排。如果你所在的城市开展了长期护理保险试点，不妨了解一下这项制度，结合自身实际情况决定是否参保。

二、稳健投资，稳住财富

可能我们在退休之前，已经围绕三大支柱做了很多准备，但这些准备是否已经足够应对养老的所有问题，还不得而知。毕竟退休后的各种支出，有很多是意料之外的，如自身对于生活品质的更高需求，子女及孙辈需要的支持，等等。为了让老年生活更加从容，更加自由，我们可能还需要进行一些稳健的投资理财活动。

在退休之后，如果身体条件允许，我们可能还有很多精力做一些财富管理。这个时候进行一些适度的稳健的投资，既能增加收入，又能实现"老有所为"，为退休生活增添乐趣，同时，稳健、适度的投资理财活动，对于身体健康也会产生积极的作用。

注意，这里提到的是稳健投资。退休老人因为抵抗财务风险能力较弱，通常情况下不应该进行高风险的投资活动，不应该购买风险等级高的理财产品，否则，一旦投资失败，将使自己陷入万劫不复的境地。

这里介绍几个风险相对可控的理财投资渠道，供大家参考。

（一）现金管理工具

在日常生活中，我们通常会预留一部分家庭备用金，来应对日常开支和短期重大开支项目。手头有些零散资金，不确定什么时候要用，又怕留在手里造成闲置，该怎么办呢？

我们可以将手上的一些短期闲钱，通过投资现金管理类理财产品，以灵活配置的方式获取更高的收益。

现金管理类理财产品，是指银行或者理财公司推出的一种流动性强的理财产品，主要投资于货币市场、债券市场、银行票据及政策允许的其他金融工具等标的。

2021年，《关于规范现金管理类理财产品管理有关事项的通知》发布，其指出，现金管理类理财产品应当投资于以下金融工具：第一，现金；第二，期限在1年以内（含1年）的银行存款、债券回购、中央银行票据、同业存单；第三，剩余期限在397天以内（含397天）的债券、在银行间市场和证券交易所市场发行的资产支持证券；第四，银保监会、中国人民银行认可的其他具有良好流动性的货币市场工具。

现金管理类理财产品不得投资于以下金融工具：股票；可转换债券、可交换债券；以定期存款利率为基准利率的浮动利率债券，已进入最后一个利率调整期的除外；信用等级在AA+以下的债券、资产支持证券；银保监会、中国人民银行禁止投资的其他金融工具。

现金管理类理财产品有以下特点。

（1）流动性强。期限以天为计，交易比较灵活，具有很好的流动性，申赎快捷，买卖方便，适用于管理短期闲散资金。

（2）风险较低。这是由以上标明的产品投向决定的。现金管理类理财产品以期限较短、评级较高的债券及货币工具等为投资对象，这类资产风险较小、可靠性强，产品风险相对较小。

（3）收益稳定。在严控风险的前提下，现金管理类理财产品的长期收益相对更稳定。现金管理类理财产品的收益率是按"摊余成本＋影子定价"的估值方法计算的，和市值法相比，受短期资产的价格变动影响较小，收益率也就比较稳定。

现金管理类理财产品，适合哪些人群?

① 风险承受能力较低的投资者；

② 需要随时使用资金的投资者；

③ 寻求稳定收益的投资者。

下面介绍几种常见的现金管理类理财产品。

（1）货币基金：流动性和安全性好，收益率持续走低

2013年，余额宝开始兴起，其曾经一度创下七日年化收益率达6.5%的出色成绩，再加上T+1申赎便利、交易费用低、互联网平台便捷等优势，市场份额迅速扩张，受到广大投资者的追捧，由此也带动了货币基金市场的发展和繁荣。

货币基金是一种重要的货币类理财工具，它投资于短期资金借贷市场上可供交易的金融工具，包括现金、剩余期限在一年以内（含一年）的债券、银行定期存款、大额存单、债券回购、中央银行票据及监管机构认可的其他具有良好流动性的货币市场工具，投资工具剩余期限在一年以内。

货币基金的优点十分明显，安全性高，收益稳定，每个工作日开放申购和赎回，流动性好，且投资费用低，申购、赎回均不收取费用。

货币基金的运作主要依赖基金经理的专业投资能力，通过分散投资、组合投资的方式来降低风险、获取收益，

具有安全性高、收益稳定、流动性好等特点。虽然货币基金的风险相对较低，但仍然存在市场风险、利率风险等，投资者应该具备风险意识。

如何选择合适的货币基金？要考虑几个方面。第一，自身方面，包括投资需求、风险承受能力及投资期限等。第二，基金方面，包括基金的基本情况、历史业绩、风险水平。第三，基金经理方面，包括基金经理的投资能力、历史业绩等。

（2）银行T+1产品：申赎方便，起售门槛多为1万元

2021年之前，各商业银行发行了多种T+0理财产品。T+0理财产品一般指由商业银行（包括商业银行理财子公司）发行的支持当天申购/赎回的理财产品，这类产品一般投资于货币市场工具，包括现金、银行存款及短期债券等。以银行T+0理财产品为代表的现金管理类产品，凭借安全性高和流动性强的特点，在投资者资产配置中占据着重要的位置。

2021年，《关于规范现金管理类理财产品管理有关事项

的通知》发布，对现金管理类理财产品的投资管理、估值方式及流动性和杠杆等方面都进行了严格要求。在产品流动性方面，银行现金类理财产品申购/赎回将由原来的T+0确认改为T+1确认。

与货币基金类似，银行T+1产品的投资范围主要是国债、金融债、央行票据及其他信用评级较高、风险较低、流动性较强的金融工具。总的来说，银行T+1产品是安全性很高的短期现金管理工具，仅次于存款和国债。

从收益性来看，在申购、取现的便捷性上有了显著提升，客户账上余额随时转存，交易方便灵活，客户黏性极高。银行T+1产品获得了类似活期存款的超高流动性，基本能够满足投资者的资金流动性需求。

（3）国债逆回购：流动性强、安全性高，收益高于定期存款

国债逆回购，是央行对市场进行货币调节的一种手段。国债逆回购本质是一种短期贷款，个人通过国债回购市场把自己的资金借出去，获得固定的利息。而回购方，

也就是借款人用自己的国债作为抵押获得这笔借款，到期后还本付息。国债逆回购的融资方，包括有短期资金缺口的商业银行，非银行金融机构，如证券公司、保险公司、财务公司，以及一些大型企业或特定条件下的个人投资者，等等。在国债逆回购交易中，融资方会将其持有的国债作为质押品，通过证券交易所向融券方发起融资请求。交易达成后，融资方将获得一定期限的资金使用权，并在到期时还本付息给融券方。

在实际操作中，国债逆回购的操作非常简单，在证券公司开立证券账户和资金账户，开通国债逆回购交易权限，即可选择国债逆回购品种下单交易，资金流动性非常好。既有与活期存款相当的存取便利性和低风险，又有高于定期存款利息的收益。它是一种通过闲置资金获得高于活期存款利息的理财方式。

当然，国债逆回购通常不会有特别高的收益，尤其是在市场利率低的环境下，所以更适合在大资金周转时的空档赚些利息，或者是在国债逆回购的收益率异常高的时候"薅羊毛"。

（4）短债基金：流动性、收益性和安全性兼备

短债基金，顾名思义，就是投资期限较短的债券型基金，一般主要投资于债券到期时间在1年以内的债券，比如国债、央票、金融债、企业债、公司债、同业存单和同业存款等固定收益类资产。由于投资期限短，资金的流动性比较强，风险也要比长期基金小很多。

短债基金兼具债券基金和货币基金的优点，一般收益率高于货币基金，净值增长稳定，流动性可以媲美货币基金。

短债基金做不到"高收益"和"稳保本"，但从收益／回撤比来考虑，性价比较高，收益稳健，可连续10多年达到正收益。WIND数据显示，2007年至2023年，短债型基金平均收益率在3%以上，且17个完整年度取得正收益；行情独立，受股市债市影响较小；回本快，即便遭遇短期内的下跌，也可以较快"收复失地"。

上述现金管理类理财工具，各有特点。

货币基金在现金管理类理财产品中知名度高，流动性

强、安全性高，但是收益率较低。

银行T+1产品，流动性强，收益也不错，但投资门槛多设定在1万元，小闲钱不一定能投资。

国债逆回购比较适合炒股人群，流动性强，风险低，收益比定期存款高一点。

短债基金兼具流动性、安全性和收益性等优点，流动性可与货币基金媲美，收益率在上述几种产品中具有比较优势。

投资者可以根据实际情况进行选择。

（二）银行理财

对于很多投资者而言，银行理财产品向来是"保本"和"稳健"的象征，只需考虑收益率，无需考虑亏损。

2022年1月1日，资管新规正式落地，理财产品刚性兑付被打破，银行理财"保本"的历史一去不返。

资管新规落地后，银行理财彻底净值化。银行理财净值化，是指银行不再像以前一样承诺固定收益，同时投资者也能看到理财产品的每日净值变化，产品的收益与净值直接相关。过去选银行理财产品，关注期限和收益率就行；采取净值化管理后，收益率走势就会变得飘忽不定、上下波动，当然也完全可能会是负的。

银行理财产品，本质上就是银行理财子公司归集客户的资金，然后拿去投资，买国债、债券，甚至股票等。银行理财子公司收取管理费，银行收取存管费，投资者自负盈亏。

银行理财产品和货币基金是什么关系呢？

银行理财产品和货币基金是两种不同的投资工具，它们之间存在一些相似之处，但也存在明显的区别。

从内涵上看，货币基金，主要投资于短期（一年以内）的债券、票据等货币市场工具。它的投资目标是保本并获得稳定的收益。货币基金适合风险承受能力较低、追求稳定收益的投资者，同时也适合作为现金管理工具，因为其流动性较高，支持随时申购和赎回。

银行理财产品是银行为了吸引客户而推出的一系列投资产品，包括固定收益类、股票类、混合类等。不同银行理财产品的投资期限、收益和风险各异，投资者可以根据自己的需求和风险承受能力进行选择。

从收益看，货币基金的收益主要源于短期债券和票据的利息收入，由于投资期限较短，货币基金的收益波动较小，相对稳定。银行理财产品的收益则取决于具体的投资类型和策略。固定收益类理财产品的收益相对稳定，而股票类和混合类理财产品的收益波动较大，具有更大的风险和收益潜力。

从流动性看，货币基金具有较高的流动性，投资者可以随时申购和赎回。银行理财产品的流动性相对较低，部分产品在投资期限内不允许赎回或赎回费用较高。

从投资风险看，货币基金的风险相对较小，主要表现为信用风险和利率风险较小。银行理财产品的风险则因产品类型和投资策略而异，固定收益类理财产品的风险相对较小，而股票类和混合类理财产品的风险较大。

从投资门槛和费用看，货币基金的投资门槛较低，一般为100元起投，管理费用和托管费用相对较低。银行理财产品的投资门槛相对较高，一般为1万元起投，管理费用和托管费用较高。

银行理财具备一定优势。例如，银行理财可以为投资者提供专业服务，通常由专业的投资团队管理，其拥有丰富的经验和专业知识，可以为投资者优化投资组合，增加回报潜力。

同时，银行理财产品可选品类很多，可以根据风险、收益、流动性等选择自己需要的产品。

此外，银行理财可以帮助我们获取一定的收益，也能够帮助我们养成理财的习惯。

银行理财产品的分类

1. 按投资性质分类

固定收益类产品，投资于存款、债券等债权类资产的比例不低于80%。

权益类产品,投资于股票、未上市企业股权等权益类资产的比例不低于80%。

商品及金融衍生品类产品,投资于商品及金融衍生品的比例不低于80%。

混合类产品,投资于债权类资产、权益类资产、商品及金融衍生品类资产且任一资产的投资比例未达到前三类产品标准。

2. 按风险等级分类

理财产品风险等级

风险标识	风险评级	评级说明
R1级	低风险	提供本金保护,本金出现损失的概率极低,收益波动极小,收益不能实现的可能性极小。
R2级	中低风险	不提供本金保护,本金出现损失的概率低,收益波动小,收益不能实现的可能性极小。
R3级	中风险	不提供本金保护,本金出现损失的可能性不容忽视,收益存在一定波动且实现存在一定不确定性。
R4级	中高风险	不提供本金保护,本金出现损失的可能性不容忽视,收益波动明显且实现的不确定性较大。
R5级	高风险	不提供本金保护,本金出现损失的可能性很高,收益波动明显且实现的不确定性大。

理财产品的风险等级共分为5级，风险从小到大为R1级～R5级，R1级属于低风险，R2级属于中低风险，R3级属于中风险，R4级属于中高风险，R5级属于高风险。

R1级，一般为谨慎型的理财产品，该级别理财产品本金一般由银行保证偿付，产品收益随投资表现浮动，但是比较稳定，风险极低。比如货币基金、国债、大额存单等。

R2级，一般为稳健型的理财产品，属于浮动预期收益类的产品。从这个等级开始都是非保本类型的产品，不保证本金，但风险很小，整体上来说还是稳定的。比如存款类理财产品、银行理财产品等。

R3级，一般为平衡型的理财产品，不保证本金，收益会有一定的波动，投资一定比例的高风险资产，具有一定的风险。比如混合型基金、股票型基金等。

R4级，一般为进取型的理财产品，不保证本金，会对股票、黄金、外汇等会产生较大波动的产品进行投资，而且这类资产占比较高，风险和收益都很高，可能受各种因素的影响，造成亏损。

R5级，一般为激进型的理财产品，本金风险极大，无法保证本金，该产品完全投资于高风险产品，以杠杆放大的方式进行投资，而且产品的结构也很复杂，所以收益波动很大。比如期货、期权、远期合约等金融衍生品。

投资者可以根据自身风险承受能力选择合适的产品，风险承受能力低的投资者可以选择R2级及以下的产品，风险承受能力高的投资者可以选择R3级及以上的产品。

除此之外，在挑选理财产品时，还需要考虑以下几个问题。

（1）业绩比较基准

业绩比较基准是银行根据产品的历史表现或同类产品的平均业绩设定的一个参考值，用以预估投资者可能获得的收益。它提供了一个理想状态下的收益预期，帮助投资者理解产品可能达到的收益水平。这只是一个参考信息。

（2）投资范围

看钱流向了哪些底层资产，可在产品说明书中仔细查看。一款理财产品的收益和风险，主要取决于它的底层资产配置比例及产品结构，包含以下四类：

- 现金类：活期、货币基金、短期存款
- 债券类：国债、债券基金、净值型理财
- 权益类：股票、指数基金、FOF基金
- 衍生工具类：外汇期货、各种币、另类投资

如资金投向现金类、债券类产品占比较高，其安全性就相对较高、收益波动较小。很多R1级和R2级的银行理财产品，底层资产都配置了债券。

（3）历史波动

注意所使用年化收益率的区间，时间越长越准确。例如最近一个月的年化收益率10%和最近5年的年化收益率10%比较，一定是后者实现的概率更高。

（4）发行/管理机构

如今理财产品的发行主体，几乎都变成了各银行旗下的理财子公司，如中国银行的"中银理财有限责任公司"，

招商银行的"招银理财有限责任公司"。注意，它们都是有限责任公司。

（5）期限

投资中有一个"不可能三角定律"，指的是任何投资都不可能同时满足高收益、高流动性、低风险三个条件。由此可知，收益高的产品可能存在风险高、流动性不强等问题，所以要做好资金的短期、中期、长期规划。

（6）费用

当前，很多银行理财产品都下调了产品费率，个别产品的费率甚至降为零，但即使理财产品费率降为零，也并不代表零收费。产品说明书里的超额业绩管理费，是指当理财产品的实际兑付收益率超过业绩比较基准时，超过部分银行将按一定比例在投资者和自身之间进行分配，是净值型理财产品的主要收费项目之一。这个费率信息通常不会在产品海报中明示，而是隐藏在产品说明书内，很容易被投资者忽略。

银行理财产品固然有其优势，但如果希望提高投资收益，还需要与其他权益类的产品进行搭配。实际上，单纯地追求高收益或高流动性都不可取，关键是要搞清楚自己需要什么，在不同的阶段需要什么样的收益、什么样的支出等。

固定收益类理财产品

什么是固定收益类理财产品？

固定收益类理财产品主要投资于存款、债券等固定收益类资产，且投资于这类资产的比例不低于80%。

截至2023年6月末，我国银行业理财市场固定收益类理财产品存续规模达24.11万亿元，占全部理财产品规模的95.15%，是当前的主流理财产品。

在这里必须明确，固定收益类理财产品不等于收益固定的理财产品！

固定收益类理财产品虽然名称中含有"固定收益"的字眼，但此类产品的收益并不固定。要了解这一点，我们首先要了解固定收益类资产的收益来源。

固定收益类资产的收益来源

（1）定期存款

定期存款是一种存款方式，客户可以向银行预存款项，经过规定的存款期限，到期后可以按照利率取回全部的本金和利息。它能保证本金的安全和稳定的收益。

（2）债券基金

债券基金是以国债和公司债为主要投资标的的一种基金。债券基金的最大特点是其收益相对固定，风险较小。

（3）信托产品

信托产品是由信托公司与投资者共同投资，根据合同规定，投资者按照一定比例分享收益的资产。与基金类似，信托产品分为固定收益型和权益型两种。固定收益型信托产品因其相对固定的收益和较小的风险成为众多投资者的选择之一。

（4）资管计划

资管计划是一种金融产品，通常由资产管理公司或基金公司提供。这些计划汇集了来自多个投资者的资金，用于投资各种不同的金融资产，如股票、债券、房地产等。资管计划的特点包括分散投资、专业的资产管理和风险分散。投资者通过购买资管计划的份额来参与投资，份额的净值通常根据资产组合的表现而变化。

注意，固定收益类理财产品中的"固定收益"是指所投资的资产性质——固定收益类资产，而非产品本身的收益固定。

以固定收益类资产中最常见的债券资产为例，其收益主要源于两部分，票息收入及资本利得。

所以，固定收益类理财产品不等于收益固定的理财产品，产品净值会随着债券等固定收益类资产的价格变化而发生波动。

不过，固收类资产相较于权益类、商品及金融衍生品类资产，收益波动较小，产品管理人也会采用多种投资策略来平滑波动、控制风险。

目前，固定收益类理财产品大体可以分为以下三类。

（1）现金管理类

仅投资于现金、期限在1年及1年之内的银行存款等货币市场工具，具有风险和收益水平均较低、流动性高的特点。衡量现金管理类理财产品的表现，主要有两个指标：每日万份收益与7日年化收益率。万份收益是指每万份基金单位在某一特定时间（通常是一日）内所产生的收益。这一指标直接反映了投资者持有该基金单位数量的微小变动所带来的实际收益变化，为投资者提供了一个直观了解基金日常收益情况的方式。一般如果我们在银行App看到某个银行理财产品展示了这两个指标，那就说明这个产品为现金管理类理财产品。

（2）不含权固收类

全部投资于债权类资产的理财产品，资金投向包括债券、存款、货币市场工具等，是目前银行理财市场的主要产品类型。相较于现金管理类理财产品，这类产品的投资范围更广、投资期限更长，波动性与收益弹性也更高。

（3）含权固收类

资管新规规定了固定收益类理财产品的固收投资下限为80%，其余部分可以根据投资目标及风险特征，适当参与权益市场投资，以增加产品收益。目前主流的含权固收类理财产品可通过股票或者公募基金等方式来参与权益市场投资。

需要注意的是，虽然固定收益类理财产品有一定的收益保障，但投资者在购买时也要谨慎考虑其风险，特别是信用风险和流动性风险。同时，不同的固定收益类理财产品，其投资范围、期限、收益方式等也会有所不同，投资者在购买时需要根据自己的风险承受能力和投资需求进行选择。

固收＋

同样是固定收益类理财产品，也会由于底层投资资产的不同而有所差异，比如有些固定收益类理财产品主要投资于存款；有些纯固定收益类理财产品全部投资于债券，不直接投资股票；还有些含权的固定收益类理财产品投资于股票等。

因此，还可以把固定收益类理财产品分为固收+、纯固收两类，最大的区别在于权益资产的配置。

什么是固收+？

固收+，并非一种产品类型，可以简单地理解为以固收类资产为底仓，将投资范围扩大到股票等权益类领域，力争在低波动、严格控制回撤的前提下，为投资者提供赚取更多收益的可能性。"+"，就是在固收基础上，增加其他风险资产，以博取更高收益。"+"的部分占比约20%（不同投资策略下占比不同），投资于股票、基金等波动较大的产品，主要用来提高收益率。

固收+的净值虽然会上下波动，但是波动幅度相对较小。一个出色的固收+产品，在中长期业绩表现上会是一条相对稳定又有可观斜率的漂亮曲线，也就是稳健增长的曲线。

固收+中的打底资产，大多为收益确定性强、风险小的债券类资产，如定期存款、协议存款、国债、政府债、企业债、央行票据、债券型基金等固定收益类资产，一般占比在70%以上。这些打底资产，将提供一个相对稳健的基本收益。

固收+，以二八开、三七开的股债比例混合型基金为主，但为了满足不同风险偏好客户的需求，越来越多不同类型的固收+产品不断推出，比如+可转债、+市场中性策略、+另类资产等。

可以看出，固收部分的投资领域相对安全，其风险与波动基本源于"+"的部分。当我们在挑选固收+产品时，要看清产品说明书投资内容有哪些，尤其是后面"+"的部分，这部分的风险及其波动情况是否符合预期。

固收+产品适合哪些类型的投资者？

（1）稳健型投资者

随着基础利率下行，以及理财新规打破刚性兑付，银行理财净值化管理，稳健型投资者逐渐将固收+产品作为资产配置的新选择。

（2）新手投资者

对于刚接触理财或者想投资股票，但投资经验不足的新手来说，固收+产品可以作为入门产品的首选。一方面固收+产品相对稳健，波动较小，另一方面也可以借助固收+产品参与权益类、有一定风险的投资。

（3）资产配置需求投资者

很多成熟的投资者在资产配置的时候，会将资金按比例分布在高风险、中风险、低风险品种上，其中部分中低风险的配置就会放在固收+产品上。

所以说，固收+产品的形式很多，可以购置单一产品，也可以组合配置，如果投资者有需求，可咨询专业的投资顾问，根据自身的需求进行合理配置。

以下是根据部分基金指数统计的不同固收类产品收益特征：

不同固收类产品收益特征

	年化收益率	年化波动率
货币基金	2.87%	0.15%
纯固收	5.00%	1.02%
固收+	5.96%	5.30%

资管新规出台之后，在净值化管理大时代下，产品净值波动属于正常现象。我们要做的是选择与自身风险承受能力相匹配的理财产品，并做好资产配置，以长期投资获取稳健回报。

对于风险承受能力较低的投资者来说，固定收益类理财产品是首选。对于风险承受能力较高的投资者来说，固定收益类理财产品可以作为资产配置中的压舱石，有效减少投资组合的整体波动性，分散投资风险。

如果对资金的流动性要求高，可以考虑选择现金管理类理财产品，因为这些产品投资的底层资产的期限偏短，更强调短期的稳健表现，同时也会注重流动性要求。

对一段时间不用的"长钱"，则可以选择投资不同持有期的固定收益类理财产品，相对于现金管理类理财产品，这类产品的收益弹性会更高。

（三）证券投资基金

基金两个字，我们都不陌生，例如我们之前谈过的社保基金。而这里说的"基金"，指的是证券投资基金。

证券投资基金是一种利益共存、风险共担的集合证券投资方式，即通过发行基金单位集中投资者的资金，由基金托管人托管，由基金管理人管理和运用资金，从事股票、债券等金融工具投资，并将投资收益按基金投资者的投资比例进行分配的一种间接投资方式。

简单地说，就是大家凑钱，请专业的人来投资。

很多人认为，自己买股票，一年只操作一次，一次来一个涨停，收益率就已经超过90%的投资者了，买基金一年的收益不多，有意思吗？问题是，事实上A股市场散户的收益，长期基本上维持在"一赚二平七亏"的水平。

证券投资是一件专业性很强的事情，普通人、非专业人士很难做好。基金经理长期投身于股票市场，拥有较高的专业知识水平和市场敏锐度，比普通人更有把握在这个市场上获取收益。

因此，如果通过购买证券投资基金，委托这些基金经理来帮助投资，一般来说，收益率将比我们这些非专业人士来得高。虽然证券投资基金的收益同样不稳定，甚至有时候亏损的风险还很大，但总体而言要比直接投资股票强得多。

证券投资基金有什么优势呢?

（1）门槛低

很多公募基金100元甚至更低的金额就可以起投，无论资金多少，基金公司都一视同仁，不会因为资金少而区别对待。基金公司把很多小钱集中到一起，投资看好的股票，赚了钱就按比例分配。

（2）安全托管

投资者的资金都是独立托管在一个机构的，一般托管在银行，每一只基金的基金公司和基金经理，只负责交易操作，不会经手投资者的钱。相比其他投资渠道，基金接受着最严格的监管，不会有跑路的风险。

（3）专业投资

基金经理属于专业人士，对于宏观经济、上市公司和市场规律有着较为深入的洞察，对于投资的操作更有经验。因此将投资资金托付给他们，一般来说要比我们自己操作收益率更高。

（4）风险分散

我们个人买股票，由于资金的限制，往往只能买一只或者少数几只股票。投资标的相对集中带来的是风险的集中，市场一有风吹草动，就很容易造成亏损。而基金公司会根据自己的研究，有效地进行组合投资，极大程度地分散风险，避免因投资产品单一造成风险，收益相对稳定。

基金常见的分类有哪些

（1）从募集方式看，分为公募基金和私募基金。

公募基金，是指以公开方式，向社会公众募集资金，并以证券为主要投资对象的证券投资基金。公募基金的投资门槛较低，通常为100元或更低，使得更多人能够参与投资。

私募基金的对象一般是特定的投资者，通过非公开发售的方式募集资金。同时门槛很高，有些私募基金最低100万元起投。

（2）从运作方式看，分为封闭式基金和开放式基金。

封闭式基金有明确的存续期限，在期限内，已发行的基金份额不能被赎回，基金规模是固定不变的。募集到的资金可以全部用于投资，这样基金管理公司可以制定长期的投资策略，取得长期经营业绩。封闭式基金只有在发起设立和上市交易时才可以进行交易买卖。

开放式基金又称共同基金，是指基金发起人在设立基金时，基金单位或者股份总规模不固定，可视投资者的需求随时向投资者出售基金单位或者股份，也可应投资者要求赎回发行在外的基金单位或者股份的一种基金运作方式。

（3）从交易渠道看，分为场内基金和场外基金。

这里的场，指的就是证券交易公司。场内基金，指的是可以像买卖股票一样通过炒股软件下单的基金，是从其他交易者手中购买的基金。

场外基金，指的是通过银行、券商、基金公司、第三方平台等直接向基金公司购买的基金。

（4）从投资对象看，分为债券型基金、股票型基金、货币型基金、混合型基金。

债券型基金：主要投资于债券的基金。

股票型基金：主要投资于股票的基金。

货币型基金：主要投资于货币市场工具的基金。

混合型基金：在投资组合中既有成长型股票、收益型股票，又有债券等固定收益投资的共同基金。

（5）从投资策略看，分为主动型基金和被动型基金。

主动型基金，是以取得超越市场的业绩表现为目标的一种基金。

被动型基金，是指选取特定的指数成份股作为投资的对象，试图复制指数的表现，以获取市场的平均收益为目标的基金，又称指数基金，如上证50指数、沪深300指数等。

基金怎么买更赚钱

（1）做长线比做短线更赚钱。数据显示，市场中有不少成立时间超过10年的"老基金"，这些"老基金"近十年赚钱的概率超过90%，平均回报率高达80%。如果你能够准确挑选出"长寿基金"并长期持有，则赚钱的概率非常高。

依据统计数据，短期持有基金的投资人（1年以内），小幅度亏损的比例最高；持有期限2~3年的投资人，收益区间为10%~30%的比例最高；而持有时间超过5年后，基金整体收益大幅走高。

一个原因是，很多基金长期趋势是上涨的，只要持有的时间足够长，就算买入的时机不好，也大概率有赚钱的机会。如果能在一个比较好的时机买到一只好的基金，长期持有的收益非常可观。

另一个原因是，基金短期的涨跌很难预测，频繁买卖容易出错。虽然从理论上来说，对一只基金进行持续高抛低吸能更赚钱，但实际上很难做到。

当然，做基金长线投资也不是一定要一直持有基金，适当地高抛低吸也是可以的。既能坚持长线投资，又能把握高抛低吸的时机，做到长短结合，有可能效果更佳。

（2）合理地利用基金组合比单投一类基金更赚钱。利用基金组合，就可以在行情好时买入风险高的基金，在行情不好时买入风险低的基金，从而在最大程度上既能分享基金投资带来的高收益，又能规避高风险。

（3）选择红利再投资比选择现金分红更赚钱。对同一只基金来说，选择红利再投资，基金的投资收益就是按复利计算的，而选择现金分红，投资收益就不能完全按复利计算。

如果我们决定投资基金，有哪些需要做的功课呢？

（1）评估基金投资目的：短期投资 vs 长期投资

在购买基金之前，首先要明确投资目标。这将帮助我们选择适合自己的基金类型和策略。投资目标包括退休储备、购房、子女教育等，要考虑希望获取的是长期收益还是短期收益。

（2）评估基金投资的风险承受能力

在投资基金之前，可以先平衡对风险与报酬的期望。要考量投入多少资金，能承受多大的风险，希望获得多少收益。

（3）评估基金投资风格

要考虑做主动投资还是被动投资。主动投资由基金经理人主动选股，以获取超出市场平均水平的收益；被动投资主要是跟随指数，获得整体市场的报酬。最近几年，被动投资越来越受欢迎。因为主动投资交易相对活跃，交易费用高，同时也需要分析师和基金经理投入更多的时间精力，所以整体交易成本较高，在获利方面打了折扣，长期来看，即使选股绩效表现略胜大盘，但扣除高费用后收益未必能超越被动投资。

（4）挑选基金

市场上的基金五花八门，该如何挑选呢?

步骤一：选择基金种类。要考虑选择什么样的基金，开放型基金还是封闭型基金，债券型基金、股票型基金、货币型基金还是混合型基金。

步骤二：选择基金公司和基金经理。可以通过查阅基金公司的历史业绩、规模、管理团队等信息，进行判断。了解基金经理的投资理念和业绩，看看其在这些方面是否能够使我们认同。从基金规模、成立时间、费用、基金绩效等方面了解基金的表现。

步骤三：购买。根据申购表格上的指导信息，支付购买基金所需的费用。可以通过银行转账、支票等方式进行支付。一旦购买金额被确认收到，我们将成为该基金的份额持有人。基金公司将向我们发送确认函和基金份额分配明细。

步骤四：定期评估和调整投资组合。投资是一个持续的过程，需要定期评估和调整。可以定期了解基金的表现和风险，根据市场变化和个人投资目标对投资标的进行调整。

指数基金

巴菲特在公开场合不止一次向普通投资者推荐指数基金，他表示，通过定投指数基金，任何一位什么都不懂的投资者，都有可能战胜大部分专业投资者。

指数基金究竟有什么魔力，可以让巴菲特发此感慨呢?

指数基金，顾名思义，就是基金公司用募集到的资金，购买某个指数（如沪深300指数、中证500指数）所包含的全部成分股票或部分成分股票，由此构建一个投资组合，追踪标的指数表现，获取相应的回报。

指数基金按资产类别可以分为股票指数基金、商品指数基金、债券指数基金。

（1）股票指数基金：它是跟踪股票指数走势的一类基

金，比如跟踪沪深300、中证500、中小板等指数类型的基金。

（2）商品指数基金：它是跟踪商品指数走势的一类基金，比如跟踪黄金、白银、原油等指数类型的基金。

（3）债券指数基金：它是跟踪债券指数走势的一类基金，比如跟踪10年期国债、5年期国债、信用债等指数类型的基金。

按指数代表性可以分为综合指数、宽基指数、窄基指数。

（1）综合指数：这类指数是反映所有股票整体走势的，比如上证综指就是反映上海证券交易所里面所有股票表现的指数。

（2）宽基指数：指选样范围不限于特定行业或投资主题，反映某个市场或某种规模股票表现的指数，所包含股票的范围比较大、行业比较多，更能代表某个市场整体的走势，像上证50、沪深300、中证500、科创50，都是宽基指数。

（3）窄基指数：窄基指数是相对于宽基指数而言的，又被称为行业主题指数，只选取某一行业、概念、风格、策略的股票，与宽基指数相比，窄基指数的成分股投资行业比较集中，从名称就能知道成分股大概有哪类，如芯片、新能源车、食品饮料等。

根据指数基金投资策略的不同，我们可以把指数基金分为完全复制型指数基金和增强型指数基金。

（1）完全复制型指数基金：一种投资策略，旨在通过持有目标指数中的所有股票（或债券等其他资产），以尽可能精确地复制该指数的表现。这种基金的投资组合会定期调整，以确保与所跟踪的指数保持高度一致。

（2）增强型指数基金：指基金在进行指数化投资的过程中，为试图获得超越指数的投资回报，在被动跟踪指数的基础上，加入增强型的积极投资手段，对投资组合进行适当调整，力求在控制风险的同时获取积极的市场收益。

指数基金的优点

首先，投资策略简单，可以在一定程度上规避基金经理选股能力不同所带来的影响，人为干扰因素小。

其次，价格较低廉，管理费通常比主动型基金低，最低为1%。

最后，作为可分散式投资，避免了"把鸡蛋放在同一个篮子里"带来的满盘亏损，相对其他基金风险较小。

统计数据显示，从1985年到2019年，美国标普500指数的年均收益率约为10.3%，而主动型基金的年均收益率约为8.6%。这说明，长期来看，指数基金的投资收益具有较高的稳定性和可预测性。

投资指数基金的注意事项

（1）关注管理费率。在挑选指数基金时，应优先考虑那些管理费用和托管费用较低的产品，较低的费用是提高长期收益的重要保障。

（2）关注追踪误差。追踪误差是指指数基金的实际表现与其所追踪的指数之间存在的差异。选择追踪误差较小的指数基金有助于更好地实现投资目标。

（3）关注投资逻辑。特别是对于策略型指数基金而言，要了解其背后的逻辑是否清晰。选择逻辑清晰且经过验证的指数基金有助于获得更好的回报。例如，红利类指数基金往往关注高股息率的股票，价值指数类基金则关注低估值的股票。

基金定投

"要在市场中准确地踩点入市，比在空中接住一把飞刀更难。"

这是流行在华尔街的一句话。

选择一个准确的时机进行买进和沽出，难于登天。

为了克服选择买卖时机的困难，我们可以采用基金定投这种起点低、操作简单的方式，来应对市场的波动。

基金定投有懒人理财之称。基金定投是定期定额投资基金的简称，是指在固定的时间（如每月1日）以固定的金额（如1000元）投资到指定的开放式基金中，类似于银行的零存整取方式，可以均衡投资成本，使自己在投资中掌握更大胜算。

一般而言，基金的投资方式有两种，即单笔投资和定投。

单笔投资预期收益可能比较高，但风险较大。

定投由于规避了投资者对进场时机主观判断的影响，风险明显降低。

基金定投具有类似长期储蓄的特点，能积少成多，平摊投资成本，降低整体风险。它有自动逢低加码、逢高减码的功能，无论市场价格如何变化，总能获得一个比较低的平均成本。因此，定投可抹平基金净值的高峰和低谷，消除市场的波动性。只要选择的基金整体增长，投资者就会获得一个相对均衡的预期收益，不必再为入市的择时问题而苦恼。

具体而言，基金定投具有以下好处。

（1）方便省心

目前基金定投这种投资方式已经非常成熟，只需按照指引设置扣款日期、金额和申购基金即可。一次签约，后续自动续购，非常适合没时间研究产品的白领。

（2）有助于养成良好理财习惯

每月定期扣款可以让"月光族"养成定期投资的习惯。未来这笔钱也可以作为长远资金（养老、子女教育等）的备份。

（3）无须择时

基金定投这种投资方式，依靠专业管理人和资本市场的长期潜力，可以大大降低整个市场波动带来的风险。

定投买入策略

（1）左侧定投

我们在投资的过程中，面对的不外乎两种走势：市场要么处于左侧下跌趋势，要么处于右侧上涨趋势。这两种趋势的结合，就像嘴角翘起的一个微笑曲线。我们的买入点要么在左侧，要么在右侧；要么在下跌趋势中，要么在上涨趋势中。想在市场中赚到钱，就要顺势而为，针对不同的市场趋势，实施不同的交易动作。即在左侧下跌趋势中，持续定投买入；在右侧上涨趋势中，可以持续卖出。

在左侧下跌趋势中买入，越买越便宜，逐步摊低持仓成本，仓位越来越重的同时，成本无限接近于市场底部。因此，进行基金定投，一定要在左侧下跌趋势中进行，越跌越买，小亏大赚。

定投频率如何确定？比较常规的做法是每月定投一次。因为市场波动较大，定投频率过高或者过低，都有可能提升持仓成本或者难以获得上涨收益，正常情况下按月定投就可以。

（2）中位数以下

中位数以下，指的是市场整体估值处于适中或低估水平。从中位数以下开始定投，可以尽可能地拉低持仓成本。如果能把定投成本均线控制在市场底部向上20%的区域内，就算是成功的定投操作。

在市场低迷时增加定投额度，在市场高位时减少定投额度，或者获利了结，可以在低位时积累更多的份额，在高位时及时锁定收益。评估市场处于低迷还是高位，可以市盈率百分位作为参考。因为指数的估值具备比较明显的均值回归特点，可以看看当前的市盈率处在历史市盈率的什么位置，以此判断其未来回归方向。如果处于历史最低值的10%的百分位，那未来大概率会涨回到平均值；如果处于历史最高值的10%的百分位，那未来大概率会跌回平均值。当然，这只是一个参考数据，因为影响指数基金长期收益的因素，最根本的还是背后上市公司的业绩表现。

（3）止盈不止损

"越跌越买"，如果能做到长期坚持，大概率是能够盈利的。有人问：如果坚持定投好几年，还没盈利，怎么办？

如果在定投过程中没有重大失误，比如定投过早，那么很少会出现几年都不赚钱的情况。但万一真的遇到这种情况，就要降低盈利预期了。

事实上，我们还是要相信坚持定投拥有大的胜率。以定投宽基指数基金为例，这类基金即使跌下去，未来也终究会涨回来。只要开始定投，无论基金的表现多么惨不忍睹，中途都一定不能退出，大概率就不会赔钱。中途一旦退出，必将前功尽弃，血本无归。

在这里要做到止盈不止损。例如，当收益率达到25%时，就要止盈退出。此外，当市场估值到了高估区时，也要停止定投。

（4）利用复利效应

复利效应可以显著提高投资回报。基金分红有两种方式，现金分红和红利再投资，将定投组合设置成后者，可利用复利效应增加收益。

第六章

不同的人群
如何养老

一、青年学生：18岁开始养老

我们18岁进入大学，开启人生的美好篇章，这个时候的我们对未来充满了想象和憧憬。我们无所畏惧，因为年轻就是我们的最大资本和底气。

这个时候，我们首先要做这样一件事：对人生进行一个大致的规划。例如，大学学业如何完成，完成后是否继续深造，如何就业，如何开创事业，如何实现人生的目标，以及如何规划晚年生活。

规划晚年生活，并非危言耸听。从当前国人80岁的平均寿命来看，63岁退休，人生还有重要的近20年时光要度过。把这20年过好，对于我们的人生来说意义重大。

第一，要做好人生规划。

许多伟大人物，都是"以终为始"的人。他们能看到长远的未来，并且为此而努力奋斗。大学期间，为自己的人生设定一个大的目标，全过程做好大致的规划，能够少走弯路。

未来的人生有很多变化，但是搭建一个大概的人生框架其实并不难。搭建人生框架的目的，是让我们活得更有目标感，也能以此为方向从容向前，并在晚年来临之前，做好充分的准备。

第二，要注重立足社会的能力。

大学期间，要尽全力把专业学好。对于大多数人而言，未来要靠大学专业来安身立命。在此过程中，要通过专注、深入的学习，把自己变成一个"专家"。既要有理论知识，也要有实践能力，因此，大学期间，结合本专业进行社会实践是有必要的。

同时，应该通过多考一些证书、多参加一些社团实践活动，锻炼自己的学习、沟通、协调、整合资源、执行落地等能力，不仅对于实现人生的大目标善莫大焉，对于提升创造财富的能力也是大有帮助的。

当然，也可以关注风口产业。例如，随着社会人口结构变化，养老服务行业迎来了巨大发展机遇。如果你有兴趣，可以主动学习养老服务管理、老年社会工作等方面的知识，并积极参与社会实践，这样不仅可以让你对养老问题有一个初步的了解，还有可能帮助你在未来步入养老服务这个发展空间巨大的朝阳产业。

第三，学会理财。

从年轻时就开始接触理财知识，会让你受益无穷。理财是一件很神奇的事情，能让你把有限的资金变成灵活的投资，实现"钱生钱"。主动学习社会保障、理财等方面的知识，能帮助你对理财规划建立初步的感知。如果在大学期间能够通过打工或做点小生意，以及通过合理储蓄、稳健投资等方式逐渐积累财富，那就太完美了。

第四，锻炼身体，强健体魄。

如果我们去一趟养老院或者医院病房，就能发现老人最大的敌人是疾病。对于那些患了重疾的老人，健康是他们心中最大的渴求。如果这些老人在养老金、商业养老保险上有保障，或者个人资产有保障，他们会面临较小的负担，并有望在这些保障中重获新生。但如果没有这些保障，他们的生活将会非常艰难。虽然到了老年之后，疾病难以避免，但在年轻时未雨绸缪，加强锻炼，强健体魄，能够为一生的生活质量提供有力保障。

因此，以下这些内容非常重要：养成并保持健康规律的生活习惯，尽量做到不熬夜，不吃垃圾食品，不暴饮暴食；锻炼身体，锻炼可使心肺健康、促进肌肉骨骼新陈代谢、增强免疫力、控制体重、维持身心愉悦等，为健康提供强大的保障，年轻时养成良好的锻炼习惯，能够最大限度帮助你在年老之后维持良好的身体状态，让你受益终身；要坚持体检，排除风险，及时发现并排除疾病隐患。

第五，购买合适的商业保险。

趁年轻，用低廉的价格购买合适的商业保险，特别是重疾险、百万医疗险，对于保障健康意义重大。

此外，可以考虑购买商业养老保险。大学生不能申请社会养老保险，可以优先选择商业养老保险。商业养老保险的保费可以根据自身的情况进行适当调整，我们可以选择与自身经济能力相匹配的商业养老保险。

在校大学生在单位实习期间，仍为在校状态，无法缴纳基本养老保险。毕业之后，如在用人单位上班，用人单位应当依法为职工办理参保，社保费由用人单位和职工共同缴纳，个人缴费部分由用人单位代缴。如未在用人单位上班，比如自主创业或从事非全日制相关工作的人员，可以灵活就业人员身份参加企业职工基本养老保险。

二、上班族：养老财务最佳筹备期

步入社会后，我们进入人生创造价值的最佳阶段，这个时候也是为养老做准备的黄金时间。我们该如何未雨绸缪，为未来的养老打下坚实的基础呢？

（一）参加基本养老保险、年金计划、个人养老金计划

基本养老保险具有强制性，单位必须为职工缴纳，而

且缴纳社保对于个人来说是很有必要的，是每个职工应该享受的社会福利。基本养老保险的目的是保障老年人的基本生活需求，为其提供稳定可靠的生活来源。通过参加基本养老保险，我们可以在达到法定退休年龄后领取养老金，从而保障老年生活。

因此，我们要积极缴纳社保，如果单位没有为我们缴纳社保，我们就应该采取一定的行动。

根据《中华人民共和国社会保险法》的规定，用人单位未依法为劳动者缴纳社会保险费的，劳动者可以解除劳动合同，并要求用人单位支付经济补偿金。这意味着，如果单位没有给我们缴纳社保，那么我们可以此为由解除合同，并要求单位支付经济补偿金。

此外，我们还可以向社保费用征缴部门投诉，由社保费用征缴部门依法处理。

同时，如果因为单位没有给我们缴纳社保，而导致我们遭受损失，我们有权要求单位赔偿损失。例如，如果单位没有为我们办理社会保险手续，且社会保险经办机构不能补办，导致我们无法享受社会保险待遇，我们可以要求单位赔偿相应的损失。

年金计划就更不能错过了。如果你所在的单位具备开展年金计划的条件，愿意为你缴纳年金，那么你要毫不犹豫地参与。

个人养老金制度为上班族提供了额外的养老保障。个人养老金缴费由参加人个人承担，每年缴费上限为12000元，可以按月、分次或者按年度缴费，缴费额度按自然年度累计，次年重新计算，方式十分灵活。

个人养老金制度弥补了社保养老金的不足，通过国家给予的税收优惠政策，鼓励个人为自己储蓄一笔养老钱。参加个人养老金的税收优惠包括：存入资金可享受税收优惠，按照每年最高12000元的标准，据实在综合或经营所得中扣除，每年最高节税5400元；缴费和投资无须缴纳个人所得税；支取时按金额的3%纳税。

上班族如果经济压力比较大，要根据自身情况合理决定每年投入个人养老金账户的资金，在选择个人养老金产品时可以相对积极一些，因为个人养老金产品的投资期限比较长，拉长期限来看，投资性价比还是较高的。

个人养老金作为一项社会制度，参与标准只有一个，即参加基本养老保险。只要是在我国境内参加了城镇职工基本养老保险或城乡居民基本养老保险的劳动者，均可参加个人养老金。

初入职场的年轻人，起薪不一定很高，除了努力积累和提升人力资本、增加收入，最好在投资理财方面多研究和实践，在能力范围内做好养老投资规划。其实除了个人养老金，一般的储蓄、投资，也可以帮我们实现养老储备目标。

（二）权益投资

对于上班族而言，考虑养老问题，除了基本的社保、年金、个人养老金等保障性的投入，也可以结合自身财务状况、专业能力、时间精力等，配置一些权益类资产。对于收入比较稳定的上班族而言，权益类资产作为可以博取高收益的金融工具，是有必要进行一定比例配置的。

这个比例，一定要根据家庭的风险承受能力决定，切不可以赌徒心态去投入。高收益伴随的肯定是高风险，任何时候都不能将自己和家人置于险境。这个账户的配置要做到无论盈亏对家庭都不能有致命的影响，毕竟稳稳的幸福要比大起大落的刺激好得多。因此，对于权益类资产的投入，应该首选低风险级别的投资标的，如不超过R3级风险的理财产品。

而对于养老钱，不建议用来投资权益类资产，毕竟养老钱是未来肯定要花的一笔钱，我们要保证本金不能有任何的损失。养老钱的投资，收益可以不高，但必须是长期且稳定的。毕竟，年轻时的我们可以承受大风大浪，因为还有机会东山再起，而年老时的我们别无选择，只要稳稳的幸福就足够了。

（三）财富创造与积累财富

中国人特别爱存钱，很重要的原因在于，为养老做准备。虽然我国养老制度逐渐完善，但仍不够健全。而且对于很多人来说，仅靠制度化的养老金，老年生活可能还是比较拮据。此外，中国人存钱也是为了应对可能出现的疾病，帮扶子女，以及应对一些意外事件的发生。同时，中国人深受儒学思想影响，崇尚勤俭的生活作风。因此，自古以来，中国人格外喜欢存钱。

对于养老，很多年轻人的第一选择是靠现金储蓄或银行存款来实现。储蓄，积累财富，在很多人心目中是最稳妥、最让人放心的财富积累方式。但是只依靠银行储蓄，很有可能跑不赢通胀，这个钱未来会缩水。

因此，利用一些能够跑赢通胀、让钱不贬值的理财方式，取得比活期、定期储蓄更好的收益，是一个更优的选择。

有钱，有方法，才能为自己的晚年生活筑起一道钢铁长城。而有钱，则是解决养老问题的一大前提。

对于职场人士而言，在职场上持续升职加薪，创造更多的财富，这是增加养老钱的根本途径。在此基础上，我们可以通过各种保险和商业手段，持续提升退休生活的保障水平。

在职场中，要特别注重自我投资。特别是年轻人，应该注重学习和实践，提升自身的能力素养，让自己在职场上有更大的竞争力。

对于养老而言，年轻的时候通过不断努力和持续进步，使创造财富的能力不断提升，那么你到退休前就能取得不小的成就，在财富积累上也会有可观的收获，从而给自己的老年生活提供坚实的保障。

三、自由职业者：用好国家社保政策

自由职业者不与任何工作单位存在雇佣关系，但自由职业者可以依法参加城乡居民基本养老保险计划，即便是最基础的养老保险，也能在退休时提供基本保障。但是，自由职业者在缴纳社保的过程中，与单位职工存在明显差异。

相同的缴费基数，要想拿到相同的社保养老金，自由职业者缴纳的费用要比单位职工高出很多，因为进入统筹账户的部分，也需要由个人缴费。因此，自由职业者在缴纳社保时，面临缴费高、养老金低的不利局面。

自由职业者如何用好国家社保政策？以下内容可供参考。

（1）自由职业者可以自由选择缴费年限和缴费基数。在缴费满20年后，可以选择不再缴费，也可以选择继续缴费，具体哪种更划算呢？在总缴费额相同的前提下，是拉长缴费年限更划算，还是提高缴费基数更划算？这些问题，与自由职业者的年龄、前期已缴纳情况、未来想在哪里退休等个人问题直接相关。

（2）自由职业者可以选择自己的退休城市。同等缴费额的情况下，选择好退休城市，每月可以多领不少退休金。不同于单位职工的社保必须跟着单位走，无法自由筹划，自由职业者的社保可以进行灵活筹划。这就是所谓社保养老金规划的"城市套利"。

除了参加社保，自由职业者最重要的是做好养老规划。

一是设立养老账户。自由职业者既要开源，又要节流，要适度控制消费，合理支配个人或家庭的开支，为未来建立充足的养老资金储备。可以考虑在银行开设专门的养老储蓄账户，定期将一部分收入转移到储蓄账户，积少成多。

二是制定应急预案。自由职业者要针对自身收入及生活中可能出现的意外，建立紧急基金，用于应对疾病、事故、收入断档等情况。

三是配置商业养老保险。自由职业者可以考虑购买商业养老保险，如终身型的年金保险等，为自己提供养老金来源。

四是稳健投资。自由职业者可积极寻找符合自己风险承受能力的投资渠道，如定期存款、债券、股票、基金、房产等，多渠道分散投资风险，提高资产的整体收益率，为养老积累财富。

自由职业者应以足够的前瞻性和自律性，为未来的养老生活构建强有力的财务保障。要深刻理解个人财务状况，保持足够关注并适时调整。要想享有自由、安逸的老年生活，就要从现在开始积极规划和行动。社会和政府层面也应该提供更多支持和引导，帮助自由职业者更好地融入养老金体系，实现老有所养。

四、临近退休者：做好养老的物质和精神准备

临近退休者，可以通过多种方式规划自己的养老生活，使自己的晚年生活得到保障。

第一，清理债务。在退休之前，尽量清理所有的债务，包括房贷、车贷和信用卡债务。这样可以减少退休后的经济压力，让自己更轻松地享受晚年生活。

第二，做好养老金保障。在准备退休时，需要做一些具体的准备工作。例如，检查个人档案及社保信息，确保所有资料准确无误，避免因资料不一致影响退休后的收入。

养老保险缴费不满20年的人，可以考虑延长缴费至满20年，或者转入城乡居民基本养老保险，享受相应的养老保险待遇。

仅靠基本养老保险，可能很难满足退休后的较高品质的生活需求。因此，除了基本养老保险，还需要考虑其他收入来源，如企业年金、职业年金和个人储蓄型养老保险。这些补充养老保险可以为退休生活提供额外的经济保障。

要确保自己有足够的退休金和储蓄。可以咨询专业的理财顾问，了解不同的养老金计划和投资产品，以便选择最适合自己的方案。合理分配资产，确保退休后的生活质量。

第三，准备医疗保险。退休后，我们的医疗开支可能会增加，因此需要购买一份合适的医疗保险。除了政府提供的基本医疗保险，还要考虑购买额外的商业医疗保险，以覆盖更多的医疗费用。

第四，定期体检。定期进行健康检查，及早发现和预防疾病。保持健康的生活方式，养成良好的饮食和运动习惯，确保身体状况良好，享受退休后的美好时光。

第五，做好退休生活规划。对于那些还有几年就要退休的人而言，建议好好规划退休后的生活，制定一些目标。有了清晰的目标，才有所追求，更有利于身心健康。

总之，临近退休者应该从多个方面进行准备，包括经济准备、健康管理、社交活动及个人兴趣的培养，以确保晚年能够享受到安稳和高质量的生活。

五、退休人员：保障财务安全

退休人员如何度过养老时光？除了安排好自己的日常生活、保障身心健康，还要特别注意自己的财务问题。

老年人的财务问题，关键在于保有健康的现金流。除了养老金的持续收入，还可以考虑选择安全、稳健且长期收益可观的金融产品。

首先，对于退休老人来说，理财的首要原则是安全。老年人的资金主要源于之前的积累和养老金，因此资金的安全性尤为重要。在选择金融产品时，应优先考虑那些风险较低、本金安全的产品。

其次，考虑到老年人的生命周期特点，在理财产品的选择上应注重长期稳定性。这意味着产品应该能够提供稳定的收益，而不是追求短期的高回报。稳健的收益有助于确保老年人的生活品质不会因市场波动而受到影响。因此，应重点考虑R2级及以下的理财产品。

再次，对于退休老人来说，理财的一个重要作用是确保有持续的现金流。可以考虑购买养老年金险等，这些产品可以提供定期收益，确保老年人在寿命较长的情况下维持较好的生活水平。

最后，随着国家养老体系的不断完善，个人养老金账户和多样化的养老金融产品为退休老人提供了更多的选择。通过开设个人养老金账户，投资不同的养老金融产品，如专属商业养老保险、养老储蓄、养老目标基金、养老理财等，可以帮助退休老人实现资产的多元化配置，同时享受国家政策对养老金融产品的支持和优惠。

综上所述，退休老人在理财时，应优先考虑安全、长期稳定及有持续现金流的产品。通过合理配置养老金融产品，为退休生活提供保障。

老年人的理财问题值得特别关注。

多年以来，有一些老年人喜欢贪"利率高一点"和"礼物多一点"的小便宜，愿意把钱存在小银行。他们中的很多人认为，银行有国家兜底，永远不会倒闭。实际上，近年来申请倒闭的商业银行、信用社不在少数。

所以，退休老人手里有点钱，最好不炒股、不买房，可以购买低风险的理财产品，或者存进银行，存进银行的时候一定要选择实力雄厚的国有大银行，切记要把保住本金放在投资目标的第一位。

后 记
A f t e r w o r d

　　2022 年 8 月，有一位 50 多岁的大姐跟我说，她用自己的养老积蓄买了某理财产品，之前收益不少，所以自己越投越多，但突然这个理财公司不再分红了，自己再联系这个公司时，却绝望地发现联系不上了，本金可能都拿不回来，这让她十分慌张，她向我打听这个理财公司是否正规，想知道下一步应该怎么办。

　　对此我非常感慨，养老储蓄就是养命的钱，怎么能投向不知底细的公司和产品呢！其实，现实中，还有很多人不知道如何做好养老储备这件事。就在撰写本书的时候，我又看到一个"退休阿姨差点被骗，好友列表五人中四人是骗子"的新闻标题，我没有点进去看，却能确定一件事，那就是，处理好财务问题、做好养老储备、确保养老资金安全，是非常重要的事。

相对于房产、股票、期货等高风险的投资，养老投资更加"枯燥无味"，因为这些操作很难让人心跳加速，还容易让人产生畏难情绪。这件事持续时间长、细节多、投入大，而且收益短期内似乎很难"看得见""摸得着"。在这里，我们对养老的认知非常重要。养老，要做到发现自己、战胜自己、掌握自己、成为自己，但这并不是一件易事。

养老是人生大事。帮助更多人了解养老储备的重要性、紧迫性，了解养老相关的制度性安排、市场化操作，以及帮助他们避免误入养老陷阱，是我撰写本书的初衷。希望本书能够陪伴更多读者走上养老的正道，使大家更加主动、从容地面对退休，迎接精彩、自由的养老生活。